Forschungsreihe der FH Münster

Die Fachhochschule Münster zeichnet jährlich hervorragende Abschlussarbeiten aus allen Fachbereichen der Hochschule aus. Unter dem Dach der vier Säulen Ingenieurwesen, Soziales, Gestaltung und Wirtschaft bietet die Fachhochschule Münster eine enorme Breite an fachspezifischen Arbeitsgebieten. Die in der Reihe publizierten Masterarbeiten bilden dabei die umfassende, thematische Vielfalt sowie die Expertise der Nachwuchswissenschaftler dieses Hochschulstandortes ab.

Weitere Bände in der Reihe http://www.springer.com/series/13854

Katharina Gewecke

Prescreening auf Mangelernährung in der Klinik

Evaluierung der prognostischen Validität in einem Schwerpunktkrankenhaus

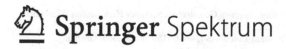

Katharina Gewecke
Hamburg, Deutschland

ISSN 2570-3307   ISSN 2570-3315   (electronic)
Forschungsreihe der FH Münster
ISBN 978-3-658-27475-7   ISBN 978-3-658-27476-4   (eBook)
https://doi.org/10.1007/978-3-658-27476-4

Die Deutsche Nationalbibliothek verzeichnet diese Publikation in der Deutschen National-
bibliografie; detaillierte bibliografische Daten sind im Internet über http://dnb.d-nb.de abrufbar.

Springer Spektrum ist ein Imprint der eingetragenen Gesellschaft Springer Fachmedien Wiesbaden
GmbH und ist ein Teil von Springer Nature.
Die Anschrift der Gesellschaft ist: Abraham-Lincoln-Str. 46, 65189 Wiesbaden, Germany

Inhaltsverzeichnis

Abbildungs- und Tabellenverzeichnis

Abkürzungsverzeichnis

BASA-ROT	BMI, Age, Sex adjusted Rule of Thumb
BMI	Body Mass Index
COPD	*Englisch:* Chronic Obstructive Pulmonary Disease
CRP	C-reaktives Protein
DGE	Deutsche Gesellschaft für Ernährung
DGEM	Deutsche Gesellschaft für Ernährungsmedizin
DIMDI	Deutsches Institut für medizinische Dokumentation und Information
DRG	Diagnosis Related Groups
ESPEN	Europäische Gesellschaft für Klinische Ernährung und Stoffwechsel
FFMI	Fettfreie Masse Index
G-DRG	German Diagnosis Related Groups
GIT	Gastrointestinaltrakt
HS	Hauptscreening
ICD-10-GM	Internationale statistische Klassifikation der Krankheiten und verwandter Gesundheitsprobleme, Deutsche Modifikation
IKH	Israelitisches Krankenhaus Hamburg
MCC	Englisch: Malnutrition Clinical Characteristics
MDK	Medizinischer Dienst der Krankenversicherung
ME	Mangelernährung
MNA	Mini Nutritional Assessment
MUST	Malnutrition Universal Screening Tool
NRS	Nutritional Risk Screening 2002 *Der Lesbarkeit halber wird in der Abkürzung auf die Spezifizierung 2002 verzichtet*
OPS	Operationen- und Prozedurschlüssel
OR	Odds Ratio
PS	Prescreening
RR	Relatives Risiko
SGA	Subjective Global Assessment
TN	Trinknahrung

Abb.	Abbildung
Anz.	Anzahl
bzw.	beziehungsweise
h	Stunden
k.A.	keine Angabe
Kap.	Kapitel

m	männlich
n	Anzahl
Tab.	Tabelle
s.	siehe
vgl.	vergleiche
w	weiblich
z.B.	zum Beispiel

1 Einleitung

Die Wichtigkeit der Ernährung für die Gesundheit erkannte bereits Hippokrates (460 – 375 v. Chr.) und gab seinen Patienten den Rat: „Deine Nahrungsmittel seien deine Heilmittel" (Müller M. C., et al., 2007). In unserer heutigen Gesellschaft wird falsche Ernährung in erster Linie mit Übergewicht und Stoffwechselerkrankungen in Verbindung gebracht, während abhängig von der Grunderkrankung jeder zweite bis fünfte Krankenhauspatient und die Hälfte aller geriatrischen Patienten an Mangelernährung leiden (Pirlich M., et al., 2006). Dies hängt gesellschaftlich damit zusammen, dass den Patienten die krankheitsbedingte Mangelernährung nicht direkt angesehen wird und unangenehme Lebensbereiche wie Krankheit, Einsamkeit und Alter ungerne thematisiert werden (Müller M. C., et al., 2007).

Auf fachlicher Ebene hingegen sollte das Thema bekannt sein. Schon 1977 veröffentlichten Hill und Kollegen eine erste Publikation mit einer systematischen Erfassung der Problematik der Mangelernährung bei chirurgischen Patienten (Hill G. L., et al., 1977). Heute belegen zahlreichen Studien, dass sie sich negativ auf klinische Parameter und konsekutiv auf Morbidität und Mortalität auswirkt (Hiesmayr M., et al., 2009; Norman K., et al., 2008). Dennoch wird die Notwendigkeit der Ernährungsmedizin auch vom klinischen Fachpersonal häufig verkannt. Dies liegt nicht zuletzt daran, dass sie keinen Bestandteil des klassischen Medizinstudiums darstellt und auch in der pflegerischen Ausbildung nur eine untergeordnete Rolle spielt (Müller M. C., et al., 2007).

Vor diesem Hintergrund wurde bereits 2003 von der Bundesrepublik Deutschland gemeinsam mit weiteren europäischen Staaten eine Resolution des Europarats zur Verpflegung und Ernährungsversorgung in Krankenhäusern verabschiedet. Diese sieht vor, dass ein interdisziplinäres Ernährungsteam zu etablieren ist, welches sich systematisch mit dem Risiko der Mangelernährung befasst und entsprechende präventive und therapeutische Maßnahmen einleitet (Committee of Ministers, 2003). Trotz dieser Empfehlung und der Publikation von Leitlinien zur Klinischen Ernährung verschiedener Fachgesellschaften, verfügt lediglich ein Bruchteil von etwa 5 % der Krankenhäuser in Deutschland über ein Ernährungsteam (Shang E., et al., 2005; Senkal M., et al., 2002). Die Ursache liegt neben der fehlenden gesellschaftlichen Wahrnehmung und der mangelhaften Ausbildung vermutlich vor allem im ökonomischen Bereich: Die

© Springer Fachmedien Wiesbaden GmbH, ein Teil von Springer Nature 2019
K. Gewecke, *Prescreening auf Mangelernährung in der Klinik*, Forschungsreihe der FH Münster, https://doi.org/10.1007/978-3-658-27476-4_1

Ernährungsmedizin war in Deutschland lange Zeit nur unzureichend anrechen-
bar und es herrschte eine große Unsicherheit in der Erstattungssituation. Im
heutigen Abrechnungssystem werden die Kosten eines Ernährungsteams und
die entsprechenden Maßnahmen bei korrekter Dokumentation in der Regel
jedoch kompensiert. Zudem können unter anderem durch eine Verbesserung
der Rekonvaleszenz und Verkürzung der Krankenhausverweildauer Kosten
eingespart werden (Müller M. C., et al., 2007).

Um die Mangelernährung beziehungsweise das Risiko einer solchen bei Pati-
enten frühzeitig erkennen zu können, wurden entsprechende Screening-
Verfahren entwickelt und validiert. Problematisch ist hierbei, dass es keinen
Goldstandard zur Diagnosesicherung gibt, mit dem die Tools verglichen
werden können. Darüber hinaus ist die Prävalenz individuell vom Patientenkli-
entel abhängig, und damit können auch die Anforderungen an ein Screening-
Verfahren von Klinik zu Klinik unterschiedlich sein (van Bokhorst-de Schueren
M. A. E., et al., 2014).

Das Israelitische Krankenhaus in Hamburg (IKH) verfügt bereits über ein etab-
liertes Ernährungsteam, das neben Ernährungsberatungen ein zweistufiges
Screening auf Mangelernährung durchführt und therapeutische Maßnahmen
einleitet. Die im IKH etablierten Screenings basieren auf dem sogenannten
Nutritional Risk Screening 2002 (NRS), das von der European Society for
Clinical Nutrition and Metabolism (ESPEN) für Kliniken empfohlen wird (Schütz
T. und Plauth M., 2005). Es besteht jedoch die Vermutung, dass im IKH nicht
alle Risikopatienten durch die erste Stufe des Screenings zuverlässig erkannt
werden, sodass sie demzufolge keine individuelle Versorgung erhalten. Eine
Optimierung der Sensitivität des Screenings eröffnet die Perspektive, die Ver-
sorgungsqualität erhöhen zu können und gleichzeitig die Ernährungsmedizin
noch ökonomischer zu machen. Die dabei gewonnenen Erkenntnisse können
anderen Krankenhäusern als Best Practice-Beispiel dienen und dazu anregen,
eine systematische Erfassung des Mangelernährungsrisikos zu etablieren und
die Versorgung den individuellen Ansprüchen der Patienten anzupassen.

Ziel dieser Arbeit ist eine Überprüfung der prognostischen Validität des im IKH
etablierten Prescreenings und somit eine Einschätzung, wie gut die erste Stufe
des Screenings-Prozesses auf ein tatsächlich vorliegendes Mangelernährungsrisiko hinweist. Hierzu soll zunächst ermittelt werden, wie hoch der Anteil
an Patienten mit einem Risiko für eine Mangelernährung ist, die aktuell nicht
durch das Prescreening erkannt werden. Außerdem sollen entsprechende
Schwachstellen des Screening-Verfahrens identifiziert werden. Auf dieser

Grundlage werden abschließend konkrete Handlungsempfehlungen abgeleitet, die sowohl zu einer effizienteren Arbeit des Ernährungsteams als auch noch effektiveren Prävention und Therapie der Mangelernährung im IKH führen können. Letztlich könnte dies auch eine höhere Rentabilität der Ernährungsmedizin im IKH ermöglichen.

2 Hintergrundinformationen

2.1 Mangelernährung in der Klinik

2.1.1 Definitionen und Entitäten

Die Mangelernährung kann als ein anhaltendes Defizit an Energie und/oder Nährstoffen im Sinne einer negativen Bilanz zwischen Aufnahme und Bedarf mit Konsequenzen und Einbußen für Ernährungszustand, Körperzusammensetzung, physiologische Funktionen und Gesundheitszustand (inkl. klinischer Prognose) verstanden werden (Markant A., 2017). Eine international einheitliche und standardisierte Definition mit eindeutigen Kriterien liegt bisher jedoch nicht vor (Bauer J. M. und Kaiser M. J., 2011), sodass Publikationen und Fachgesellschaften unterschiedliche Definitionen und Kriterien verwenden.

2013 veröffentlichte die Deutsche Gesellschaft für Ernährungsmedizin (DGEM) eine Leitlinie zur Terminologie in der Klinischen Ernährung, in der verschiedene ätiologiebasierte Definitionen der krankheitsspezifischen Mangelernährung festgelegt werden (Valentini L., et al., 2013). Im Jahr 2017 publizierte auch die ESPEN eine entsprechende Leitlinie (Cederholm T., et al., 2017). Im Grundsatz stimmen die Festlegungen der Fachgesellschaften überein, sie unterscheiden sich jedoch in einigen Details diagnostischer Kriterien der verschiedenen Entitäten von Mangelernährung. Da die Leitlinie der ESPEN in englischer Sprache verfasst ist, ist anzunehmen, dass sie einen weitreichenderen Einfluss hat und künftig auch internationale Gültigkeit und Anwendung finden könnte. Darüber hinaus ist sie aktueller, weshalb sich in dieser Arbeit auf ihre Festlegungen beschränkt wird.

Die von der ESPEN getroffene Definition der Mangelernährung im Allgemeinen lautet: *„Malnutrition is a state resulting from lack of intake or uptake of nutrition that leads to altered body composition (decreased fat free mass) and body cell mass leading to diminished physical and mental function and impaired clinical outcome from disease"* (Cederholm T., et al., 2017). Der englische Begriff *malnutrition* kann dabei definitionsgemäß synonym mit *undernutrition* verwendet werden. Im deutschen Sprachgebrauch umfasst die Definition damit die Begriffe *Mangel-* und *Unterernährung*. In neuen Publikationen findet auch der Begriff der *Malnutrition* im Deutschen Verwendung, welcher sich in der Regel jedoch ausschließlich auf eine Mangelernährung im Kontext eines krankheitsassoziierten Gewichtsverlusts bezieht (Bauer J. M. und Kaiser M. J., 2011).

© Springer Fachmedien Wiesbaden GmbH, ein Teil von Springer Nature 2019
K. Gewecke, *Prescreening auf Mangelernährung in der Klinik*, Forschungsreihe der FH Münster, https://doi.org/10.1007/978-3-658-27476-4_2

Es wird als obligatorisch angesehen, dass im Vorfeld der Diagnose einer Mangelernährung zunächst überprüft wird, ob der Betroffene die Kriterien für ein
Mangelernährungsrisiko nach einem validierten Screening-Tool erfüllt. Darüber
hinaus schlägt die ESPEN diagnotische Kriterien vor, die unabhängig von
möglichen Ursachen gelten. Liegt der Body Mass Index (BMI) unter 18,5 kg/m²,
reicht dieses Kriterium bereits aus, um eine Mangelernährung zu diagnostizieren. Ansonsten gilt ein ungewollter Gewichtsverlust in Kombination mit einem
niedrigen BMI oder einem geringen Anteil fettfreier Masse (FFMI) als Leitsymptom einer Mangelernährung (vgl. Abb. 1). Eine einheitliche Festlegung
diagnostischer Kriterien bietet die Chance, dass Studien künftig besser
vergleichbar sein werden und dadurch die Erkenntnisse zur Identifikation und
Behandlung von Mangelernährung vorangetrieben werden können.

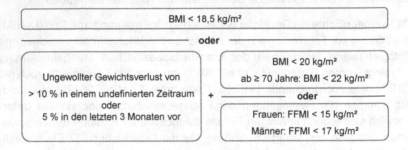

Abb. 1:   Diagnosekriterien von Mangelernährung nach ESPEN
      (nach Cederholm T., et al., 2017)

Die Entstehung der Mangelernährung ist multifaktoriell (vgl. Kap. 2.1.2).
Grundsätzlich werden aufgrund der Ätiologie jedoch zwei Formen unterschieden: Ernährungsbedingt entsteht ein Defizit durch eine quantitativ und/oder
qualitativ unzureichende Nahrungsaufnahme, wohingegen ein krankheitsbe-
dingtes Defizit als direkte Folge einer Erkrankung auftritt. Letztere wird wiederum unterschieden in eine krankheitsbedingte Mangelernährung mit oder ohne
Inflammationen (Cederholm T., et al., 2017). Das Diagnoseschema der verschiedenen Entitäten von Mangelernährung ist in Abb. 2 grafisch dargestellt
und wird im Folgenden näher erläutert.

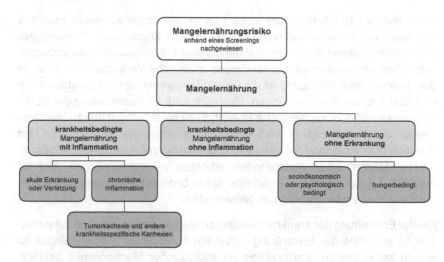

Abb. 2: Diagnoseschema der Entitäten von Mangelernährung
(nach Cederholm T., et al., 2017)

Bei der krankheitsbedingten Mangelernährung mit Inflammation führt die Entzündungsreaktion zu einer katabolen Stoffwechselsituation. Die Triggerfaktoren der Entzündung sind dabei krankheitsspezifisch. Die Folgen wie Anorexie, verminderte Nahrungsaufnahme, Gewichtsverlust und Muskelkatabolismus sind jedoch im Grundsatz die gleichen und unabhängig von der Erkrankung selbst. Das Ausmaß der metabolischen Antwort auf die Erkrankung bestimmt demnach die katabole Rate und nach welcher Zeit die Mangelernährung klinisch relevant wird. Verstärkt wird die Entzündungsreaktion vermutlich durch höheres Alter, während Inaktivität und Bettruhe den Muskelkatabolismus fördern. Es besteht die Sorge, dass zunehmend auch übergewichtige und adipöse Patienten von Mangelernährung betroffen sein können, wenn Krankheiten, Verletzungen oder eine besonders hochkalorische, jedoch nährstoffarme Diät vorliegt. Problematisch ist hierbei insbesondere, dass die Adipozyten des viszeralen Fettgewebes ebenfalls zum chronischen Entzündungsstatus beitragen und die Mangelernährung dadurch noch verstärken können.

Die krankheitsbedingte Mangelernährung mit Inflammation kann wiederum weiter unterteilt werden in akut oder chronisch. In kritischen Situationen, z.B. bei Trauma oder in Akutstadien einer Erkrankung, kommt es zu einer kurzfristigen, besonders starken Entzündungsreaktion mit entsprechend hoher Aktivität proinflammatorischer Zytokine, erhöhter Kortikosteroid- und Katecholaminausschüttung sowie Resistenz gegen Insulin und andere Wachstumshormone. In Kombination mit absoluter Bettruhe und einer deutlichen oder absoluten

Reduktion der Nahrungszufuhr kommt es in der Folge zu einem rasanten Verbrauch der Energie- und Nährstoffspeicher des Organismus. Dementsprechend müssen diese Patienten unabhängig vom Körpergewicht oder anthropometrischen Messungen eine ernährungsmedizinische Versorgung erhalten. In der chronischen Ausprägung ist die Entzündungsreaktion eher unterschwellig und führt erst langfristig zu Folgen. Synonym wird die Bezeichnung der Kachexie verwendet. Der kachektische Phenotyp ist charakterisiert durch Gewichtsverlust, reduzierten BMI (< 18,5 kg/m²) sowie reduzierte Muskelmasse und -funktion in Kombination mit einer zugrundeliegenden Erkrankung, die biochemische Marker einer andauernden erhöhten inflammatorischen Aktivität aufweist. Typische Erkrankungen sind dabei Organerkrankungen im Endstadium wie Krebs oder chronisches Nierenleiden.

Bei der Entstehung der krankheitsbedingten Mangelernährung ohne Inflammation ist ebenfalls die Erkrankung selbst ein auslösender Faktor, hierbei ist jedoch keine Entzündungsreaktion als ätiologischer Mechanismus beteiligt. Zwar ist es möglich, dass in den Anfangsstadien der Erkrankungen auch Entzündungsreaktionen zur Entwicklung der Mangelernährung beitragen, sie spielen bei der langfristigen Ausprägung jedoch keine klinisch relevante Rolle. Die Mechanismen sind darüber hinaus sehr weit gestreut. Obstruktionen im oberen Gastrointestinaltrakt (GIT), neurologische Störungen wie Schlaganfall, Parkinson und amyotrophe Lateralsklerose sowie Demenz oder andere kognitive Störungen können zu Dysphagie führen. Auch psychologische Störungen wie Anorexia nervosa und Depressionen und Malabsorption aufgrund intestinaler Störungen wie das Kurzdarmsyndrom sind Mechanismen für eine krankheitsbedingte Mangelernährung ohne Inflammation. Bei einigen wenigen Erkrankungsbildern wie beispielsweise Morbus Crohn kann es auch zu einem Schwanken zwischen der Mangelernährung mit und der ohne Inflammation kommen.

Die Mangelernährung ohne vorliegende Erkrankung entsteht ausschließlich durch den Mechanismus der unzureichenden Nahrungszufuhr und entspricht dem Hunger im allgemeinen Sprachgebrauch. Die Gründe hierfür können wiederum unterschiedlicher Natur sein, sodass grundsätzlich zwei Typen unterschieden werden: Der Hunger aus sozioökonomischen oder psychischen Gründen ist ein weltweites Phänomen und resultiert beispielsweise aus Armut, sozialer Ungleichheit, Trauer, schlechter Pflege oder schlechter Zahnhygiene, Selbstvernachlässigung, Gefängnishaft oder Hungerstreik. Hierbei ist maßgeblich die Nährstoffqualität und nicht unbedingt der quantitative Energiegehalt betroffen. Die rein hungerbedingte Mangelernährung betrifft dagegen vor allem die armen Entwicklungsländer, in denen es zu Engpässen in der Nahrungsversorgung kommt und dadurch sowohl die Qualität als insbesondere auch die Quantität der Nahrung unzureichend sind. Katastrophen wie Bürgerkriege, Dürreperioden oder Überschwemmungen können hier zu akuten Hungerperioden führen (Cederholm T., et al., 2017).

Im Fokus dieser Arbeit steht die krankheitsbedingte Mangelernährung. Der Einfachheit halber wird in der Regel jedoch auf die genaue Spezifizierung verzichtet und lediglich der Begriff *Mangelernährung* verwendet.

2.1.2 Ätiopathogenese

Im vorangehenden Kapitel der Definitionen von Mangelernährung wird bereits deutlich, dass ihre Mechanismen und Ursachen vielfältig und multifaktoriell sind. Grundsätzlich hat jede Störung des Organismus das Potenzial eine Mangelernährung auszulösen: Die Reaktion auf Traumata, Infektionen oder Entzündungen kann den Metabolismus, Appetit sowie die Absorption beeinflussen und zur Malassimilation von Nährstoffen führen. Mechanische Obstruktionen im GIT können zu verminderter Nahrungsaufnahme führen, vor allem, wenn sie Übelkeit und Erbrechen hervorrufen (Norman K., et al., 2008). Die Liste der möglichen Szenarien besteht dabei jedoch nicht nur in physiologischen Ursachen, sondern umfasst auch psychische, verhaltensassoziierte, soziale und kulturelle sowie gesellschaftliche Aspekte (Müller M. C., et al., 2007) bis hin zur ökonomischen Situation des jeweiligen Landes und des bestehenden Gesundheitssystems (Edington J., et al., 2000). Da der Fokus dieser Arbeit auf der Prävention und Therapie der krankheitsbedingten Mangelernährung liegt, soll auf die einzelnen Mechanismen an dieser Stelle nicht weiter eingegangen werden. Abb. 3 liefert hierzu eine Übersicht möglicher, ätiologischer Komponenten in der Entwicklung einer Mangelernährung.

Ernährungsverhalten
mangelndes Wissen über Ernährung
und Nahrungszubereitung
ungenügende Nahrungsmenge
einseitige Ernährung, schlechte
Nahrungsqualität

Altersveränderungen
veränderte Hunger-/ Sättigungsregulation
nachlassende Sinneswahrnehmung
eingeschränkte Mobilität

Krankheits- / Medikamenteneffekte
Übelkeit, Erbrechen, Diarrhoe
Störung der Verdauungsfunktion
Schmerzen, Appetitlosigkeit
konsumierende, chronische Erkrankungen
Kachexie / Bulimie
Hypermetabolismus

Mangelernährung

Psychische Behinderungen
Bewegungsstörungen, Immobilität
Behinderung der oberen Extremitäten
Kaubeschwerden
Schluckbeschwerden
komatöser Zustand

Sozioökonomische, soziale Aspekte
geringes Einkommen
schlechte Ernährungsbetreuung in
Krankenhaus / Pflegeeinrichtung
einsame Wohnsituation
Trauer

**Geistige / Psychische
Beeinträchtigung**
Depressionen
Psychosen, Angst vor Vergiftung
Vergesslichkeit, Verwirrtheit, Demenz

Abb. 3:   Ätiologische Komponenten von Mangelernährung
(nach Müller M. C., et al., 2007)

Von besonderer Bedeutung ist neben den primär auslösenden Faktoren vor allem die Eigendynamik, die die Mangelernährung in Kombination mit einer Erkrankung entwickeln kann. Als Folge der Grunderkrankung kommt es bei chronischen Leiden langfristig, bei akuten Erkrankungen oder Verletzungen kurzfristig zu einem Defizit in der Nährstoffzufuhr, das aus einer verminderten Aufnahme und eingeschränkter Resorption gegenüber erhöhtem Bedarf sowohl an Makro- als auch an Mikronährstoffen resultiert. Dies legt den Grundstein für die Entstehung einer Mangelernährung. Als Folge der Erkrankung, aber auch des Defizits an Nährstoffen mit daraus folgenden katabolen Prozessen, kommt es zur Entzündungsantwort, die den Stresskatabolismus initiiert. Mit der Zeit resultieren daraus auch klinische Folgen wie eine Schwächung des Immunsystems, die zu häufigen Infektionen und gestörter Wundheilung führen kann. Durch eine Veränderung der intestinalen Funktion kann wiederum die Resorption von Nährstoffen beeinträchtigt sein oder die Nahrungsaufnahme des Patienten weiter eingeschränkt werden. Mikronährstoffdefizite können zum Verlust von Skelettmasse führen, Defizite an Makronährstoffen zum Katabolismus von Proteinen und damit zum Verlust von Muskelmasse und -funktion. Dies kann vornehmlich bei älteren Patienten auch organische Funktionen wie die Atem- und Herzleistung beeinträchtigen. Die Summe der Effekte kann zu Schwäche und Leistungsabfall führen bis hin zu neurologischen und kognitiven Störungen. Besonders problematisch ist, dass die genannten Mechanismen das Potenzial haben, die Inflammation im Körper wiederum zu verstärken und

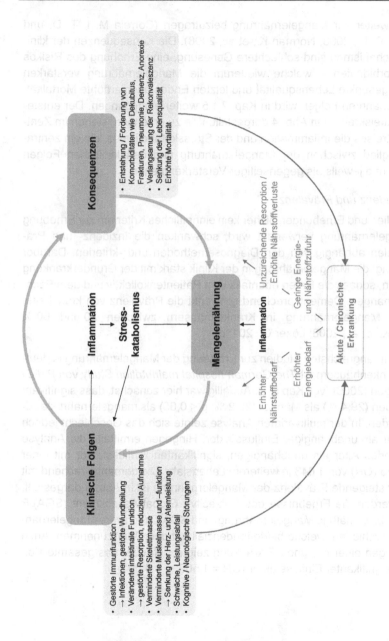

Abb. 4: Teufelskreis krankheitsbedingter Mangelernährung
(Eigene Darstellung nach Müller M. C., et al., 2007; Norman K., et al., 2008)

so direkt weiter zur Mangelernährung beizutragen (Correia M. I. T. D. und Waitzberg D. L., 2003; Norman K., et al., 2008). Die Konsequenzen der klinischen Mechanismen sind schlechtere Genesung, eine Erhöhung des Risikos von Komorbiditäten – welche wiederum die Mangelernährung verstärken können – gesenkte Lebensqualität und letzten Endes auch erhöhte Mortalität. Auf die genannten Folgen wird in Kap. 2.1.5 weiter eingegangen. Der entstehende Teufelskreis ist in Abb. 4 dargestellt. Wie zu erkennen, stehen im Zentrum des Kreises die Inflammation und der Stresskatabolismus, die ein zentrales Bindeglied zwischen der Mangelernährung und den klinischen Folgen darstellen und jeweils als gegenseitiger Verstärker dienen.

2.1.3 Inzidenz und Prävalenz

Da in Studien und Erhebungen bisher kein einheitliches Kriterium zur Erhebung von Mangelernährung verwendet wird, schwanken die Inzidenz- und Prävalenzzahlen abhängig von den Diagnosemethoden und -kriterien. Darüber hinaus hängt die Mangelernährung in der Klinik stark mit der Grunderkrankung zusammen, sodass die Raten ebenfalls vom Patientenkollektiv und dem Fachgebiet abhängen. Dementsprechend schwankt die Prävalenz von krankheitsbedingter Mangelernährung in Krankenhäusern zwischen 20 und 60 % (Norman K., et al., 2008; Löser C., 2011d).

Eine der umfangreichsten Studien zur Erfassung der Mangelernährung in deutschen Krankenhäusern ist *The German hospital malnutrition Study* von Pirlich und Kollegen (2006) (vgl. Kap 5.1). Auffällig war hier zunächst, dass signifikant mehr Frauen (29,4 %) als Männer (25,2 %, $p < 0,05$) als mangelernährt klassifiziert wurden. In der multivariaten Analyse zeigte sich das Geschlecht jedoch nicht mehr als unabhängiger Einflussfaktor. Hingegen ermittelte die Analyse zunehmendes Alter als unabhängigen, signifikanten Einflussfaktor mit einer Odds Ratio (OR) von 1,043 je weiterem Lebensjahr. Die dementsprechend mit dem Alter steigende Prävalenz der Mangelernährung ist in Abb. 5 dargestellt. Hierbei werden die Ergebnisse des Subjecitve Global Assessment (SGA) B (Risiko für bzw. mäßige Mangelernährung) und SGA C (schwere Mangelernährung) unterschieden, welche beide tendenziell mit dem Alter zunehmen. Auch das Vorliegen einer malignen Erkrankung zeigte sich über das gesamte Kollektiv als signifikanter Einflussfaktor (OR = 1,509; $p = 0,001$).

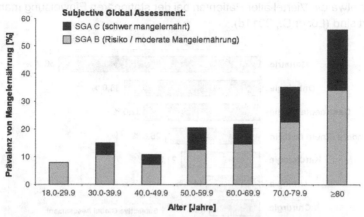

Abb. 5: Assoziation der Prävalenz von Mangelernährung mit dem Alter
(Pirlich M., et al., 2006)

Subgruppenanalysen der Studie zeigten, dass im älteren Patientenkollektiv (> 65 Jahre) weiterhin das Alter der signifikanteste Faktor für eine Mangelernährung ist (OR = 1,078; p < 0,001). Darauf folgt die Anzahl der täglich einzunehmenden Medikamente (OR = 1,043; p < 0,04). Während diese einerseits direkte physiologische Konsequenzen haben, können sie andererseits auch als Indikator für Morbidität gesehen werden. Das Geschlecht und das Vorliegen einer malignen Erkrankung waren im älteren Kollektiv kein signifikanter Einflussfaktor. Im jüngeren Patientenkollektiv (< 65 Jahre) zeigten sich gegenteilige Zusammenhänge: hier war das Vorliegen einer malignen Erkrankung der eindeutigste signifikante Einflussfaktor (OR = 2,557; p < 0,001), ebenfalls gefolgt von der Anzahl der täglich einzunehmenden Medikamente (OR = 1,204; p < 0,001). Geschlecht und Alter waren hier keine unabhängigen signifikanten Faktoren für die Entwicklung einer Mangelernährung.

Die Einflussfaktoren Malignität und Alter zeigten sich auch indirekt bei der Betrachtung der Prävalenz von Mangelernährung auf Stationen mit unterschiedlichem Schwerpunkt (vgl. Abb. 6). In der Geriatrie ist die Prävalenz am höchsten, gefolgt von der Onkologie und Gastroenterologie. Im Schnitt zeigten 27 % der von Pirlich und Kollegen befragten Patienten ein SGA B- oder SGA C-Ergebnis und damit ein Risiko oder eine bereits bestehende mäßige oder schwere Mangelernährung (Pirlich M., et al., 2006). Dies entspricht damit den Ergebnissen ähnlicher Studien, die ebenfalls das SGA beziehungsweise den NRS als Methode einsetzten (Rosenbaum A., et al., 2007; Sorensen J., et al., 2008) (vgl. Kap. 5.1.1). Man geht im Allgemeinen davon aus, dass im

Schnitt etwa ein Viertel aller Patienten bei der stationären Einweisung mangelernährt sind (Löser C., 2011d).

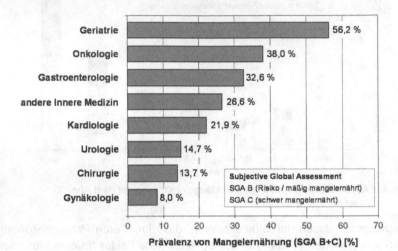

Abb. 6:   Prävalenz von Mangelernährung in Abhängigkeit der Hauptdiagnose
(Pirlich M., et al., 2006)

Es kann gefolgert werden, dass die Prävalenz von Mangelernährung bei der Aufnahme von Patienten in erster Linie abhängig vom Patientenkollektiv (Alter, Morbidität und Medikamenteneinnahme, Grunderkrankung) und den Behandlungsschwerpunkten der Klinik selbst ist. Von besonderer Bedeutung sollte jedoch sein, wie sich die Prävalenz über den Krankenhausaufenthalt entwickelt, da dies ein Indikator dafür ist, wie gut Risikopatienten im Krankenhaus erkannt und behandelt werden. Klinische Studien zeigen jedoch, dass bis zu 90 % der stationär behandelten Patienten während des Aufenthaltes relevant progredient an Gewicht verlieren. Hiervon sind nicht nur diejenigen betroffen, die bereits bei der Aufnahme klinisch relevante Zeichen einer Mangelernährung zeigten, sondern auch jene, die zum Aufnahmezeitpunkt noch einen normalen Ernährungsstatus aufwiesen. McWhirter et al. (1994) erfassten in einer prospektiven Studie an 500 konsekutiven Patienten, dass sich das Körpergewicht während des stationären Aufenthalts um durchschnittlich 5,4 % reduzierte und damit deutlich verschlechterte. Dies betraf 39 % der initial Normalgewichtigen, 69 % der zu Beginn Übergewichtigen und 75 % der anfangs bereits mangelernährten Patienten. Auch in einer aktuelleren Studie von Braunschweig und Kollegen (2000) zeigte sich, dass bei einer Krankenhausverweildauer von mindestens sieben Tagen 30 % der initial Normalgewichtigen mäßig mangelernährt sind und 10 % von ihnen sogar eine schwere Mangeler-nährung aufweisen.

Es wird deutlich, dass ein großes Verbesserungspotenzial in der Etablierung routinemäßiger Screening-Verfahren und der entsprechenden ernährungsme-dizinischen Betreuung besteht. Trotz der zunehmend vorhandenen modernen ernährungstherapeutischen Behandlungsmöglichkeiten ist die Prävalenz in den entwickelten Ländern konstant beziehungsweise tendenziell steigend (Löser C., 2011d). Zu erklären ist dies zum Teil auch mit der demografischen Entwicklung und dem hohen Risiko einer Mangelernährung im Alter, was jedoch nicht als Rechtfertigung für fehlende Maßnahmen akzeptiert werden kann.

2.1.4 Beurteilung des Ernährungsstatus

Zur Prävention und Behandlung von Mangelernährung schlagen die Fachge-sellschaften einen Maßnahmenkatalog vor, der unter anderem die Einrichtung eines Ernährungsteams, die Etablierung eines Kostformenkatalogs, supportive Gabe energiereicher Zwischenmahlzeiten und konsequente Screenings sowie spezifische Ernährungskonsile vorsieht (Löser C., 2011c). Die frühzeitige Erkennung von Patienten mit einem Risiko für eine Mangelernährung ist dabei zentraler Bestandteil und ermöglicht das rechtzeitige Ergreifen von Maßnah-men zur Vermeidung unerwünschter klinischer Folgen sowie zur Kostenredu-zierung. Im Folgenden sind die wichtigsten Instrumente zur Beurteilung des Ernährungsstatus vorgestellt.

2.1.4.1 Diagnosekriterien

Die WHO schlägt eine weltweit geltende Klassifikation für die Über-/Unterer-nährung anhand des BMI vor und setzt dabei einen BMI unter 18,5 kg/m² als Grenze für die Unterernährung fest (WHO Expert Consultation, 2004). Dieses Kriterium erfüllt in erster Linie die Anforderung, ein Ernährungsdefizit aufgrund einer anhaltenden Unterversorgung mit Nährstoffen zu erkennen, welches also nicht primär auf eine Krankheit zurückzuführen ist. Damit bildet es in erster Linie die Unterernährung ab, die heute fast ausschließlich in Entwicklungslän-dern auftritt. Bei einem durchschnittlichen BMI von 28 kg/m² bei 60-jährigen deutschen Männern müssten viele Patienten massiv an Gewicht abnehmen, bevor sie nach diesem Kriterium als mangelernährt gelten würden. Aufschluß-reicher ist daher an dieser Stelle der unbeabsichtigte Gewichtsverlust, der in Prozent des Ausgangsgewichts bemessen wird und auf eine schwere Erkran-kung hinweist. Er gilt als Leitsymptom der krankheitsassoziierten Mangelernäh-rung (Pirlich M. und Norman K., 2011) und krankheitsübergreifend gilt ein Gewichtsverlust von mehr als 10 % in den letzten 6 Monaten oder von mehr als 5 % in 3 Monaten als signifikant (Pirlich M., et al., 2003). Tab. 1 liefert eine genauere Abstufung zur Beurteilung des ungewollten Gewichtsverlusts.

Tab. 1: Graduierung des unbeabsichtigten Gewichtsverlusts
(nach Pirlich M., et al., 2003)

	signifikanter Gewichtsverlust	schwerer Gewichtsverlust
1 Woche	1-2 %	> 2 %
1 Monat	5 %	> 5 %
3 Monate	7,5 %	> 7,5 %
6 Monate	10 %	> 10 %
12 Monate	20 %	> 20 %

Zwar ist der ungewollte Gewichtsverlust als Marker der krankheitsbedingten Mangelernährung etabliert, dennoch kann auch dieser nicht ausschließlich zur Diagnostik herangezogen werden. Beispielsweise können Ödeme das Ergebnis verfälschen. Darüber hinaus bietet der Wert zwar eine retrospektive Bewertung, ermöglicht jedoch keine prognostische Aussage. Dementsprechend wurden verschiedene unterschiedlich komplexe Instrumente zur Diagnostik einer Mangelernährung bzw. des Risikos entwickelt, die im Allgemeinen als *Screenings* bezeichnet werden. Diese Reihenuntersuchung anhand schneller, einfacher Methoden wird standardmäßig bei allen Patienten zum Aufnahmezeitpunkt durchgeführt und identifiziert Patienten, die von einer Ernährungstherapie profitieren (Schütz T., et al., 2005).

2.1.4.2 Screenings auf Mangelernährung

Nach Definition der DGEM ist das Mangerlernährungs-Screening ein *„einfacher und schneller Prozess, um Personen, die sehr wahrscheinlich mangelernährt sind oder ein Risiko für eine krankheitsspezifische Mangelernährung tragen, zu identifizieren und festzustellen, ob die Durchführung eines detaillierten Ernährungsassessments indiziert ist"* (Valentini L., et al., 2013). Zur frühzeitigen Erkennung sollte das Screening direkt bei Aufnahme in ein Krankenhaus erfolgen und dabei systematisch und routinemäßig jeden Patienten erfassen. Für den klinischen Bereich wird empfohlen, das Screening anschließend wöchentlich zu wiederholen, um auf Veränderungen rechtzeitig reagieren zu können. Für das Screening stehen validierte Tools zur Verfügung, die im Folgenden beschrieben werden. Das Resultat kann jeweils anzeigen, ob ein Risiko für eine Mangelernährung vorliegt. Ist dies nicht der Fall, sollte wie erwähnt regelmäßig reevaluiert werden. Ansonsten sollte ein Ernährungsasessment zur weiteren Abklärung erfolgen (Valentini L., et al., 2013). Zur Bewertung des Risikos auf krankheitsbedingte Mangelernährung stehen heute im Wesentlichen drei Screenings zur Verfügung: das Malnutrition Universal Screening Tool (MUST) für den ambulanten Bereich, das Nutritional Risk Screening 2002 (NRS) für stationär aufgenommene Patienten und das Mini Nutritional Assessment (MNA) für den geriatrischen Bereich (Pirlich M. und Norman K., 2011).

Das Malnutrition Universal Screening Tool schätzt den Ernährungsstatus des Patienten ausschließlich auf Grundlage anamnestischer Kriterien. Es berücksichtigt den BMI, den möglichen Gewichtsverlust der vorangegangenen 3-6 Monate sowie eine mögliche Nahrungskarenz, die durch die vorliegende Erkrankung entstehen könnte. Auf dieser Grundlage wird das Risiko einer Mangelernährung als gering, mittel oder hoch eingestuft, wonach wiederholt gescreent, beobachtet oder gehandelt wird. Aufgrund seiner einfachen Anwendbarkeit wird es heutzutage für den ambulanten Bereich empfohlen (Schütz T., et al., 2005).

Das Nutritional Risk Screening 2002 (s. Anh. 1) wurde auf Grundlage des MUST und einer retrospektiven Analyse von 128 randomisiert kontrollierten Ernährungs-Interventionsstudien entwickelt. Es stellt ebenfalls eine Schätzung des Ernährungszustands auf Grundlage anamnestischer Kriterien dar. Es wurde zur Identifizierung von Patienten mit einem erhöhten Ernährungsrisiko entwickelt, bei denen man davon ausgeht, dass sie von einer Ernährungsintervention profitieren (Kondrup J., et al., 2003b). Heute wird es jedoch zumeist eingesetzt, um den Ernährungsstatus von Patienten einzuschätzen (van Bokhorst-de Schueren M. A. E., et al., 2014). Es handelt sich um ein zweistufiges Verfahren mit einem Vorscreening (auch Prescreening) und einem Hauptscreening, welches durchgeführt wird, wenn ersteres auffällig ist. Im Letzteren wird erhoben, ob:

- der BMI unter 20,5 kg/m² liegt
  → Ist-Zustand des Patienten

- ein Gewichtsverlust in den vorangegangenen 3 Monaten stattgefunden hat
  → bisheriger Verlauf und Stabilität des Ernährungszustands

- die Nahrungszufuhr in der letzten Woche vermindert war
  → aktuelle Versorgung und Prognose über die weitere Entwicklung

- und ob der Patient schwer krank ist
  → möglicher metabolischer Einfluss auf den Ernährungszustand.

Wird eine dieser Fragen mit *Ja* beantwortet, wird das Hauptscreening durchgeführt. Dieses berücksichtigt drei Bereiche: den Ernährungszustand mit Ist-Zustand und Vorgeschichte, den Schweregrad der Erkrankung und das Alter. Hierzu werden zunächst die Parameter BMI, Gewichtsverlust und Menge der Nahrungszufuhr mit einem Punktesystem von 0-3 bewertet. Anschließend wird der mögliche Einfluss der Erkrankung auf den Ernährungszustand beurteilt und damit ein eventuell metabolisch erhöhter Proteinbedarf aufgrund eines Stressmetabolismus berücksichtigt. Die Bewertung erfolgt ebenfalls in Form von Punkten mit 1 = milde, 2 = mäßige und 3 = schwere Erkrankungsschwere. Liegt das Alter über 70 Jahren, wird ein weiterer Punkt addiert. Dies berücksichtigt das Alter als weiteren Risikofaktor für die Entstehung einer Mangelernährung und garantiert eine entsprechende Versorgung geriatrischer Patienten auch im klinischen Setting. Das Ergebnis ist somit ein numerischer Score (NRS-Score), der nicht nur den aktuellen Ernährungszustand des Patienten abbildet, sondern insbesondere das Risiko aufzeigt, durch die Erkrankung und ihre Begleitumstände eine Mangelernährung zu entwickeln. Beträgt der Score ≥ 3 Punkte, liegt ein Mangelernährungsrisiko vor und es sollte ein Ernährungsplan erstellt werden. Liegt der Score < 3 Punkte, sollte ein wöchentliches Screening durchgeführt werden. Vor großen Operationen (z.B. Magen-, Ösophagus-, Pankreasresektion) sollte jedoch auch bei < 3 Punkten eine präventive Ernährungstherapie angestrebt werden (Schütz T., et al., 2005). Die Durchführung des NRS benötigt keine spezifische Schulung, und der Score hat eine höhere Spezifität und Sensitivität als der MUST im jeweiligen Vergleich mit dem SGA (Kyle U. G., et al., 2006). Das NRS wird von der ESPEN für das Screening auf Mangelernährung in der Klinik empfohlen (Kondrup J., et al., 2003a).

Das Mini Nutritional Assessment (MNA) ist speziell für den geriatrischen Bereich entwickelt worden. Es erfasst den Ernährungsstatus ebenfalls anhand anamnestischer Kriterien und geht dabei vor allem auf Risikofaktoren für die Entstehung einer Mangelernährung ein. Darüber hinaus beinhaltet es eine subjektive Einschätzung des Patienten selbst und ist damit von seiner Kooperation abhängig. Das MNA wird von der ESPEN für geriatrische Personen empfohlen (Kondrup J., et al., 2003a) und bietet sich massgeblich auch für Altenpflegeeinrichtungen oder die häusliche Pflege an.

2.1.4.3 Ernährungsassessment

Sofern das Mangelernährungs-Screening ein Risiko anzeigt, folgt darauf ein Ernährungsassessment. Dieses stellt eine umfassende Diagnose von Ernährungsproblemen anhand der Krankengeschichte, Medikation, Ernährungsanamnese, Mangelernährungs-Screenings, körperlichen Untersuchungen,

Körperzusammensetzung, Anthropometrie und Laborwerten dar. Je nach Resultat stellt das Ernährungsassessment eine Indikation für entsprechende Interventionen wie beispielsweise einen detaillierten Ernährungsplan oder den Beginn einer enteralen oder parenteralen Ernährung (Valentini L., et al., 2013). Unabhängig davon welche Maßnahmen ergriffen werden, sollten diese überwacht und regelmäßig auf ihre Effektivität überprüft werden (Monitoring).

Ein häufig verwendetes Tool ist hierfür das Subjective Global Assessment (SGA) (s. Anh. 2). Hier wird der Ernährungszustand aufgrund von anamnestischen Kriterien und klinischen Untersuchungen bewertet. Es besteht aus einem Anamneseteil und einer körperlichen Untersuchung. Es wird für die Klinik empfohlen und wurde bereits 1987 auf Grundlage der ärztlichen Anamnese entwickelt (Detsky A. S., et al., 1987). Da bewusst keine zahlenmäßige Gewichtung vorgenommen wird, handelt es sich nicht um einen numerischen Score, sondern wie der Name bereits sagt um eine subjektive Einschätzung des Ernährungszustands. Diese wird vergleichbar gemacht, indem die durchführende Person nach Anleitung der Autoren eine Zuordnung zu den Kategorien „gut ernährt" (SGA A), „mild oder moderat mangelernährt beziehungsweise mit Verdacht auf Mangelernährung" (SGA B) oder „schwer mangelernährt" (SGA C) vornimmt. Um sicher zu stellen, dass die Ergebnisse dennoch vergleichbar sind, ist eine Schulung der durchführenden Personen mit Übungsphase notwendig. Das SGA wurde bisher häufig in klinischen Studien verwendet und wird von der ESPEN zur initial qualitativen Abschätzung im Anschluss an das NRS empfohlen. Für eine Verlaufskontrolle ist es jedoch nicht geeignet (Schütz T. und Plauth M., 2005). Dafür sollten objektive Parameter in Form körperlicher Untersuchungen wie Laborparameter und die Körperzusammensetzung herangezogen werden.

Alternativ zum SGA hat die Academy of Nutrition and Dietetics gemeinsam mit der American Society of Parenteral and Enteral Nutrition 2016 ein neues Modell vorgestellt, welches eine konsistente, akkurate Definition und Diagnosestellung von Mangelernährung ermöglichen soll. Dabei werden die sechs klinischen Parameter Gewichtsverlust über die Zeit, inadäquate Energiezufuhr in Bezug auf den kalkulierten Bedarf, Muskelmasseverlust, Fettmasseverlust, Ödeme und reduzierte Handgriffstärke erhoben. Diese werden als die *Malnutrition Clinical Characteristics* (MCCs) bezeichnet und können Patienten in moderat und schwer mangelernährt unterscheiden (Hand R. K., et al., 2016).

Neben diesen Assessment-Tools, die in erster Linie den Grad der vorliegenden Mangelernährung und damit den Ernährungszustand und vorliegende Nahrungsdefizite abschätzen, zählt zum umfassenden Ernährungsassessment auch die Festlegung des Energie- und Flüssigkeitsbedarfs sowie der Zufuhr von Makro- und Mikronährstoffen. Klassischer Weise wird der Grundumsatz anhand der Harris-Benedict-Formel berechnet. Dabei wird für normalgewichtige Patienten das Ist-Gewicht angesetzt, für Übergewichtige hingegen jenes, das dem obersten wünschenswerten BMI entspricht. Um bei Untergewichtigen ein Dumping-Syndrom zu verhindern, wird bei diesen mit dem Ist-Gewicht begonnen und die Zufuhr langsam im Sinne des Ziel-Gewichts gesteigert. Der Grundumsatz wird mit entsprechenden Aktivitäts- oder Stressfaktoren und gegebenenfalls mit einem Temperaturfaktor multipliziert, um den Gesamtenergiebedarf zu kalkulieren (Staun M., et al., 2009). Die Berechnung ist als *Bedside*-Methode jedoch eher weniger geeignet, weshalb im klinischen Alltag häufiger auf abschätzende Daumenregeln zurückgegriffen wird.

2.1.4.4 Laborparameter

Unter den Laborparametern nehmen die Plasmaproteine und insbesondere das Albumin die wichtigste Rolle in der Beurteilung des Ernährungsstatus ein. Eine niedrige Serumalbuminkonzentration (< 30 g/l) korreliert sowohl mit einem reduzierten Ernährungsstatus als auch mit einer hohen Krankheitsaktivität. Zu berücksichtigen ist, dass Albumin außerdem abhängig von der Syntheseleistung der Leber (z.B. bei Leberzirrhose), dem Flüssigkeitshaushalt (z.B. bei Sepsis) und den Eiweißverlusten (z.B. beim nephrotischen Syndrom) ist. Mit einer Halbwertszeit von 20 Tagen eignet sich Albumin als langfristiger Marker. Der Bereich von 30-35 g/l wird dabei als grenzwertig vermindert und < 30 g/l als stark vermindert definiert (Pirlich M., et al., 2003). Teilweise wird auch 34 g/l als Grenzwert angegeben (Felder S., et al., 2016). Zur kurzfristigen Evaluation z.B. zur Beurteilung von Interventionen kann auch das Präalbumin eingesetzt werden (2 Tage Halbwertszeit, Normbereich 15-30 mg/dl), welches jedoch meist nicht standardmäßig erhoben wird (Pirlich M. und Norman K., 2011). Teilweise wird in der Klinik auch das Gesamtprotein betrachtet (Konturek P. C., et al., 2015). Neben dem Proteinstatus sind Entzündungsprozesse bei der krankheitsbedingten Mangelernährung von besonderer Bedeutung, weshalb auch der Entzündungsmarker C-reaktives Protein (CRP) als Indikator für ein Mangelernährungsrisiko angesehen wird (Felder S., et al., 2016; Konturek P. C., et al., 2015).

2.1.4.5 Bestimmung der Körperzusammensetzung

Jede relevante Veränderung der Körperzusammensetzung geht mit Konsequenzen für den Ernährungsstatus einher. Beispielsweise kann es bei Verlusten von Muskelmasse und anderer proteinreicher Gewebe zu einer Einschränkung von Körperfunktionen und einem nachteiligen Krankheitsverlauf kommen.

Zur Bestimmung der Köperzusammensetzung bestehen eine ganze Reihe direkter Methoden, die jedoch aufwendig und teuer sind, sodass in der Praxis lediglich indirekte Verfahren verwendet werden (Pirlich M. und Norman K., 2011). Hierzu zählen in erster Linie der Kreatinin-Größe-Index, die Anthropometrie und die Bioimpedanzanalyse.

Der Kreatinin-Größe-Index dient der Abschätzung der Muskelmasse. Kreatin befindet sich darin in einer konstanten Konzentration pro Kilogramm und wird von dort stetig abgegeben, zu Kreatinin konvertiert und in konstanten Tagesraten über die Nieren ausgeschieden. Um Sammelfehler auszuschließen, wird Urin bei fleischarmer Kost über drei Tage gesammelt und aus dem enthaltenen Kreatinin der Kreatinin-Größe-Index ermittelt. Liegt er bei 80 % der geschlechtsspezifischen Referenzwerte, entspricht dies einem moderaten, ab 60 % einem schweren Muskelmasseverlust. Für Niereninsuffizienz-Patienten ist die Methode nicht geeignet.

In der Anthropometrie wird eine indirekte Messung der Fett- und Muskelmasse über die Messung der Hautfaltendicke und der Messung von Umfängen vorgenommen. Dabei wird aus der Messung eines Körperteils auf die Zusammensetzung des gesamten Organismus rückgeschlossen. Im klinischen Bereich wird hierfür die Messung des Oberarms als ausreichend bewertet und entsprechende Referenzwerte für den Oberarmumfang und die Trizepshautfaltendicke angegeben. Dabei gilt ein Wert unterhalb der 10. Perzentile als Hinweis auf eine Mangelernährung.

Die häufigste verwendete Methode zur Bestimmung der Körperzusammensetzung ist die Bioimpedanzanalyse, die den Widerstand des Körpers gegen einen geringen Wechselstrom misst und Rückschlüsse auf verschiedene Kompartimente zulässt. Aus dem in der Messung ermittelten Körperwasser lässt sich weiter auf die fettfreie Masse und über die Differenz zum Körpergewicht weiterhin auf die Fettmasse rückschließen. Außerdem kann über die Reaktanz und den Phasenwinkel die Körperzellmasse bestimmt werden, sodass sich aus der Differenz zur fettfreien Masse wiederum die extrazelluläre ergibt. Das Verhältnis der Körperzellmasse zu letzterer gilt abschließend als wichtiger Indikator für Hydratationsstörungen und als früher Marker einer katabolen Stoffwechsellage. Problematisch ist heute, dass die jeweiligen Referenzwerte aufgrund der abgeleiteten Kenngrößen spezifisch für das verwendete Messgerät sein müssen. Diese sind vielfach jedoch nicht verfügbar, weshalb vermehrt mit Rohwerten gearbeitet wird. So gilt ein Phasenwinkel unter der 5. Perzentile als globaler, prognostisch relevanter Marker einer Mangelernährung. Darüber hinaus etabliert sich eine bivariate vektorielle Darstellung, anhand derer sowohl

Veränderungen des Hydratations- als auch des Ernährungsstatus kombiniert dargestellt werden können (Pirlich M. und Norman K., 2011).

2.1.5 Folgen der Mangelernährung

Randomisierte, kontrollierte und prospektive Studien sowie Multivariatanalysen haben gezeigt, dass Mangelernährung ein unabhängiger Risikofaktor ist, der alle relevanten klinischen Parameter signifikant beeinflussen kann (Löser C., 2011a). Eine Übersicht der wissenschaftlich belegten klinischen Folgen findet sich in Abb. 7. Die Auswirkungen einer Mangelernährung auf die Komplikationshäufigkeit, die Dauer des Krankenhausaufenthalts sowie die Mortalität und die Kosten sollen im Folgenden näher erläutert werden.

Infektionsrate, -dauer, -schwere	Immunkompetenz
allgemeine Komplikationsrate	Allgemeinbefinden
Wundheilungsstörung, Dekubitus	psychische Verfassung
Immobilität, Sturzgefahr	funktioneller Status
Hilfs-, Pflegebedürftigkeit, Gebrechlichkeit	Therapietoleranz
Krankenhaus-, Reha-Aufenthalt	Lebensqualität
Rekonvaleszenz	Prognose
Rehospitalisationsrate	
Morbidität	
Mortalität	

Abb. 7:   Wissenschaftlich belegte klinische Folgen der Mangelernährung
(Eigene Darstellung nach Löser C., 2011a)

2.1.5.1 Komplikationen

Correia und Waitzberg (2003) haben die Daten zum Ernährungsstatus aus einer retrospektiven Kohortenstudie von 709 Patienten in 25 Krankenhäusern Brasiliens analysiert. Eingeschlossen waren Patienten über 18 Jahren, die innerhalb der ersten 72 h anhand des SGAs befragt wurden. Die Ergebnisse zum Ernährungsstatus wurden in einem multivariaten Modell mit verschiedenen *outcome*-Parametern korreliert. Zunächst untersuchten die Autoren das Auftreten von Komplikationen während des Krankenhausaufenthalts. Von den gut ernährten Patienten (SGA A) waren 16,8 % von Komplikationen betroffen, von denjenigen mit einem Risiko bzw. einer moderaten oder schweren Mangelernährung (SGA B+C) hingegen 27 % (RR = 1,6; p < 0,01). Bei isolierter Betrachtung derjenigen, die als schwer mangelernährt eingestuft worden waren, lag der Anteil sogar bei 42,8 % (RR = 2,54; p < 0,01). Das relative Komplikationsrisiko war für diese Patienten dementsprechend zweieinhalbmal so hoch und betraf sowohl infektiöse (Sepsis, intraabdominelle Abzesse) als auch nicht-infektiöse Komplikationen (Atemstillstand, Herzstillstand, Herzrythmus-störungen) (Correia M. I. T. D. und Waitzberg D. L., 2003).

Weitere Studien stützen diese Ergebnisse. Braunschweig und Kollegen (2000) analysierten in ihrer prospektiven Beobachtungsstudie den Verlauf des Ernäh-rungszustands von 404 Patienten, die mindestens 7 Tage stationär aufgenom-men waren, ebenfalls anhand des SGA. Sie beobachteten dabei, dass diejeni-gen mit progredientem Gewichtsverlust – unabhängig vom Ernährungsstatus bei der Aufnahme – während des Klinikaufenthalts signifikant mehr Komplika-tionen erlitten (60 % vs. 50 %; $p < 0{,}004$). Sorensen et al. (2008) konnten anhand ihrer europaweiten Multicenter-Studie mit 5.051 Patienten (vgl. Kap. 5.1.1) zeigen, dass zudem bereits das Risiko einer Mangelernährung (anhand des NRS) zu einer signifikant höheren Komplikationsrate sowohl von infektiö-sen als auch nicht-infektiösen Erkrankungen führt (30,6 % vs. 11,3 %; $p < 0{,}001$).

2.1.5.2 Krankenhausverweildauer

In einem weiteren Schritt analysierten Correia und Waitzberg (2003) die Dauer des Krankenhausaufenthalts in Abhängigkeit vom Ernährungsstatus. Im Durchschnitt waren die gut ernährten Patienten für 10,1 ± 11,7 Tage im Kran-kenhaus, während die mangelernährten Patienten 16,7 ± 24,5 Tage blieben. Ein besonderes Merkmal dieser Untersuchung war die darüber hinaus gehende Frage, welche protektiven Faktoren das Modell hierbei aufwies. So könnte allein ein guter Ernährungsstatus die Krankenhausverweildauer um durchschnittlich 30 % senken (OR = 0,70; $p < 0{,}05$). Die Abwesenheit von Komplikationen könnte die Dauer sogar um etwa die Hälfte reduzieren (OR = 0,51; $p < 0{,}05$). Die Autoren kommen zu dem Schluss, dass diese beiden Faktoren damit vermutlich einen höheren protektiven Effekt als die Abwesenheit eines malignen Tumors haben (OR = 0,8; $p < 0{,}05$).

Eine ganze Reihe weiterer Studien kommt zu ähnlichen Ergebnissen: Löser et al. (2011a) ermittelte durchschnittlich 11,3 Krankenhaustage für Patienten mit schwerer Mangelernährung (SGA C), während leicht Mangelernährte (SGA B) nur 8,8 Tage und gut ernährte Patienten (SGA A) lediglich 7,8 Tage blieben. Pichard und Kollegen (2004) dokumentierten entsprechend 10,8 (SGA C), 5,4 (SGA B) und 3,9 Tage (SGA A) ($p < 0{,}0001$). In der German hospital Malnutrition Study wurde ermittelt, dass eine Mangelernährung (SGA B+C) mit einem um 4,6 Tage beziehungsweise 43 % längeren Krankenhausaufenthalt assoziiert ist (Pirlich M., et al., 2006). Auch bei der Betrachtung des reinen Risikos einer Mangelernährung nach NRS zeigt sich bereits eine signifikant längere Aufenthaltsdauer bei Patienten mit Risiko für eine Mangelernährung im Vergleich mit Patienten ohne Risiko (9 vs. 6 Tage; p < 0,001) (Sorensen J., et al., 2008).

2.1.5.3 Mortalität

In Bezug auf die Mortalität zeigt sich der Ernährungsstatus ebenfalls als signifikanter Einflussfaktor. Von den gut ernährten Patienten in der Studie von Correia und Waitzberg (2003) starben 4,7 %, wohingegen 12,4 % der Mangelernährten (SGA B+C) nicht überlebten (OR = 1,87; p < 0,05). Auch bei einem Risiko einer Mangelernährung ist das Mortalitätsrisiko bereits erhöht: Sorensen und Kollegen (2008) beobachteten eine zwölf Mal so hohe Mortalitätsrate bei Patienten mit einem NRS-Score ≥ 3 gegenüber den Patienten ohne Risiko (12 % vs. 1 %; p < 0,001).

Hiesmayer und Kollegen (2009) haben den Einfluss der Mangelernährung mit einem etwas anderen Ansatz untersucht: Anstatt den Ernährungsstatus oder das Risiko für eine Mangelernährung zu erfassen, haben sie die tatsächliche Nahrungsaufnahme ihrer Probanden erhoben und ausgewertet. Die Erhebung fand am sogenannten *Nutrition Day* in Krankenhäusern in ganz Europa mit insgesamt 16.290 Patienten statt. Erhoben wurde die Nahrungsmenge am Stichtag und retrospektiv die der Vorwoche sowie der BMI und die 30-Tage-Mortalität. Die Autoren dokumentierten, dass mehr als die Hälfte der stationären Patienten deutlich weniger Nahrung zu sich nimmt als für den normalen Tagesbedarf notwendig wäre. Darüber hinaus konnten sie zeigen, dass die Nahrungsmenge am Stichtag ebenso wie die Nahrungsaufnahme der zurückliegenden Woche und der BMI signifikant mit der 30-Tage-Mortalität korrelierten.

2.1.5.4 Kosten

Als Konsequenz der längeren Krankenhausverweildauer, der höheren Komplikationsrate und weiterer Folgen der Mangelernährung entstehen höhere Kosten in den Krankenhäusern. 2007 wurde geschätzt, dass allein im klinischen Bereich in Deutschland jährlich direkte Kosten von ca. 5 Milliarden Euro durch Mangelernährung entstehen, die bis 2020 prospektiv auf 6 Milliarden Euro ansteigen werden (Müller M. C., et al., 2007). Für die Berechnung lag lediglich die durchschnittlich längere Verweildauer im Krankenhaus von knapp fünfTagen zu Grunde (Pirlich M., et al., 2006; Müller M. C., et al., 2007). Noch nicht berücksichtigt sind Kosten, die durch höhere Rückfallquoten, vermehrte Komplikationen mit Handlungsbedarf, private Ausgaben und weitere Faktoren entstehen.

Auch in den bereits erwähnten Studien kommen die Autoren zu dem Schluss, dass deutliche Mehrkosten durch Mangelernährung entstehen. In der Untersuchung von Correia und Waitzberg (2003) zeigten sich 60,5 % Mehrkosten bei Patienten mit SGA B+C. Braunschweig und Kollegen (2000) ermittelten immerhin eine Kostensteigerung von 30 %. Wie bei allen anderen dargestellten Zahlen spielen hier selbstverständlich auch weitere Faktoren wie das Alter, die Grunderkrankung und Art der Komplikationen eine Rolle.

2.1.5.5 Lebensqualität

Es liegt nahe, dass sich alle erwähnten klinischen Folgen auch auf die Psyche, Befindlichkeit und Lebensqualität auswirken. Beispielsweise kann die Selbstständigkeit der Betroffenen durch zunehmende Gebrechlichkeit und Schwäche stark eingeschränkt werden, sodass sie zunehmend auf Hilfe und Pflege angewiesen sind. Darüber hinaus wird auch die individuelle Lebensqualität bei progredientem Gewichtsverlust als zunehmend schlechter wahrgenommen (Marín Caro M. M., et al., 2007). In einer aktuellen Studie konnte außerdem gezeigt werden, dass der Anteil an Patienten mit Demenz beziehungsweise Depressionen unter den Mangelernährten signifikant höher ist als unter den gut ernährten Patienten (Konturek P. C., et al., 2015).

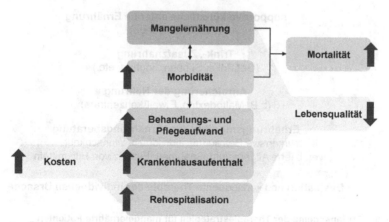

Abb. 8: **Übersicht der Konsequenzen von Mangelernährung in der Klinik**
(Eigene Darstellung nach Norman K., et al., 2008)

Abb. 8 liefert einen zusammenfassenden Überblick der Konsequenzen von Mangelernährung in der Klinik. Wie dargestellt stehen eine erhöhte Morbidität und Mortalität in einem direkten Zusammenhang mit der Mangelernährung. Aufgrund zunehmender Morbidität kommt es neben der angesprochenen

Verlängerung der Krankenhausverweildauer auch zu einem erhöhten Behandlungs- und Pflegeaufwand, und als Folge von Komplikationen, allgemeiner Schwäche und reduzierter Rekonvaleszenz steigt die Rehospitalisierungsrate an. Diese Konsequenzen führen zu erhöhten Kosten, die neben dem Gesundheitswesen die gesamte Gesellschaft belasten, und resultieren in einer verminderten Lebensqualität des Betroffenen selbst.

2.1.6 Grundprinzipien der Therapie

Da ein bereits bestehender relevanter Gewichtsverlust im Rahmen von chronisch progredienten Erkrankungen durch eine Ernährungstherapie in der Regel bestenfalls abgemildert oder stabilisiert, jedoch nicht behoben werden kann, ist ein frühzeitiges Erfassen des Ernährungsstatus und das entsprechende Einleiten von Ernährungsinterventionen von besonderer Bedeutung. Hierzu hat sich für Patienten mit einem Mangelernährungsrisiko oder beginnender und fortgeschrittener Mangelernährung ein Stufenschema etabliert, welches unabhängig von den ursächlichen Faktoren gilt (s. Abb. 9).

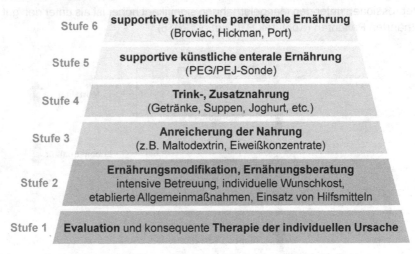

Abb. 9: **Stufenschema der Therapiestrategien für mangelernährte Patienten**
(Eigene Darstellung nach Löser C. und Löser K., 2011)

Der erste Schritt der Ernährungstherapie sollte sein, die individuellen Ursachen des Mangelernährungsrisikos zu identifizieren und soweit wie möglich, eventuell in Kooperation mit anderen Berufsgruppen wie Ärzten, Pflegern und Psychologen, zu verbessern oder gar zu beheben. Wenn ein Patient beispielsweise Appetitverlust aufgrund von bestimmten Medikamenten hat, wird es kaum von Nutzen sein, ihm andere Speisen oder gar supportive Nahrung anzubieten. Zielführender wäre dann eine Umstellung des Medikaments, sodass der Appetit zurückkehrt. Auf der zweiten Stufe steht anschließend die Ernährungsmodifikation zum Beispiel in Form von Konsistenzveränderungen oder Energiegehalt und allgemeine Maßnahmen wie individuelle Betreuung und Ernährungsberatung. Es sollte möglichst eine natürliche, nährstoffreiche Ernährung aufrechterhalten werden, die den Wünschen und Vorlieben des Patienten entspricht, die kostengünstig ist und die er auch nach dem Klinikaufenthalt eigenständig weiterführen kann. Sollte trotz gezielter Wahl von Nahrungsmitteln mit hohem Energiegehalt und einer Verbesserung der oralen Aufnahme der Bedarf des Patienten nicht gedeckt werden können, kann gemäß der dritten Stufe eine energetische Anreicherung der Nahrung erfolgen. In der Regel finden hier geschmacksneutrale Eiweißkonzentrate oder Maltodextrine sowie Sahne oder Fette Anwendung, mit Hilfe derer der Energiegehalt bei nur geringer Steigerung des Volumens deutlich erhöht werden kann. Zudem sind diese Maßnahmen sehr preiswert und liegen deutlich unter 1 € pro Tag. Kostenintensiver sind hingegen Trink- und Zusatznahrungen, die auf der vierten Stufe eingesetzt werden, wenn selbst die Anreicherung der normalen Kost nicht mehr ausreicht. Hier bietet der Markt eine breite Palette an Produkten mit unterschiedlichem Geschmack und Zusammensetzungen, die gezielt für verschiedene Indikationen entwickelt wurden und bei entsprechenden Diagnosen verordnungsfähig sind. Ist die Zufuhr trotz des Einsatzes von Supplementen hypokalorisch, bestehen Schluckstörungen oder Aspirationsgefahr, neurologische Störungen, starke körperliche Ermüdung oder katabole Erkrankungen wie Tumore, kann eine enterale Ernährung indiziert sein, für die verschiedene Sondentechniken und Applikationsverfahren zur Verfügung stehen. Sie stellt den fünften Schritt des Stufenschemas dar. Gegenüber der parenteralen Ernährung bietet sie den Vorteil, dass der GIT soweit wie möglich weiterhin zur Verdauung und Resorption genutzt wird und damit intakt bleibt. Ist die intestinale Funktion jedoch so weit eingeschränkt, dass eine ausreichende Versorgung hierbei nicht mehr möglich ist, sollte sie parenteral ergänzt werden. Die finale, sechste Stufe mit totaler parenteraler Ernährung ist ausschließlich indiziert bei Intoleranz gegenüber einer enteralen Ernährung oder Kontraindikationen wie Darmobstruktion oder Schockzustände (Löser C. und Löser K., 2011). Detaillierte Informationen finden sich in den entsprechenden Leitlinien der Fachgesellschaften wie der DGEM und ESPEN.

Da der Fokus dieser Arbeit auf der Erkennung eines Mangelernährungsrisikos liegt, soll an dieser Stelle nicht weiter auf die Therapieverfahren eingegangen werden. Die genannten Interventionen zeigen in klinischen Studien jedoch signifikante Effekte (Weimann A., et al., 2006). Beispielsweise können durch

den Einsatz von Trinknahrung der Gewichtsverlust und die Infektionsrate reduziert, die Griffstärke und Erschöpfungszustände verbessert, postoperative
Komplikationen verringert und die Lebensqualität erhöht werden (Müller M. C.,
et al., 2007).

2.2 Ökonomische Aspekte

2.2.1 Kodierung und Abrechnung

Seit 2004 werden stationäre Krankenhausleistungen nach dem durchgängigen
leistungsorientierten und pauschalierenden Vergütungssystem G-DRG
(German Diagnosis Related Groups) abgerechnet. Dahinter verbirgt sich ein
ökonomisch-medizinisches Patientenklassifikationssystem, welches den Patienten anhand seiner Diagnosen und den erbrachten Leistungen in eine Fall-
gruppe klassifiziert und damit einer DRG-Fallpauschale zuordnet. Die DRGs
werden durch einen alphanumerischen Kode bezeichnet. Dabei steht ein Buchstabe an erster Stelle für die Hauptdiagnose, eine darauffolgende zweistellige
Nummer bezeichnet die Subkategorie innerhalb der Diagnose und ein weiterer
Buchstabe beschreibt den Ressourcenverbrauch und stellt damit eine
Schweregradeinteilung dar, die Komplikationen oder Komorbiditäten berücksichtigt. Jeder DRG ist ein Zahlenwert zugeordnet, der die Bewertungsrelation
darstellt. Je höher der durchschnittliche Behandlungsaufwand dieser DRG ist,
desto höher ist der Wert. Dieser wird jeweils mit dem Basisfallwert – einem
bestimmten Eurobetrag – multipliziert. Die Fallkalkulationen werden basierend
auf den Vorjahren jährlich aktualisiert. Ergänzt wird das System durch einen
Katalog an Zusatzentgelten für besonders aufwendige Maßnahmen und
Sonderregelungen für neue Untersuchungs- und Behandlungsmethoden, die
nicht sachgerecht über das System vergütet werden können (DIMDI, 2018).

Diese Zuordnung eines Falles zu einer DRG folgt einem komplexen mathema-
tischen System und wird in der Praxis von zertifizierten EDV-Programmen
übernommen. Die einheitliche Verschlüsselung medizinischer Sachverhalte
(Hauptdiagnose, Nebendiagnose, aufwändige Untersuchungen, Operationen)
durch das Personal ist jedoch maßgebend für die Eingruppierung von
vergleichbaren medizinischen Fällen in ein und dieselbe DRG. Hierzu werden
die Diagnosen nach der Internationalen statistischen Klassifikation der Krankheiten und verwandter Gesundheitsprobleme, Deutsche Modifikation (ICD-10-
GM) und die Prozeduren (z.B. Operationen, diagnostische Verfahren,
aufwendige pflegerische Maßnahmen) nach Operationen- und Prozedur-
schlüsseln (OPS) dokumentiert bzw. kodiert. Herausgeber der ICD-10-GM und
der OPS ist das Deutsche Institut für medizinische Dokumentation und Information (DIMDI) (DIMDI, 2018).

Die Mangelernährung hat dementsprechend keine eigene DRG, sondern wird über diverse Schlüssel im ICD-10-GM und über OPS abgebildet. In Tab. 2 sind die wichtigsten ICD-10-GM Kodes der Version 2018 zur Kodierung von Mangelernährung dargestellt. Mittels OPS können zusätzlich entsprechende Maßnahmen wie enterale und parenterale Ernährung kodiert werden. Da sich diese Arbeit auf das Screening der Mangelernährung und weniger auf ihre Therapie konzentriert, soll auf letztere nicht weiter eingegangen werden.

Tab. 2: ICD-10-GM Kodes zur Dokumentation von Mangelernährung
(nach DIMDI, 2018)

ICD-10	Mangelernährung	Erläuterung
E43	Nicht näher bezeichnete erhebliche Energie- und Eiweißmangelernährung	Erheblicher Gewichtsverlust bei Kindern oder Erwachsenen oder fehlende Gewichtszunahme bei Kindern, die zu einem Gewichtswert führen, der mindestens 3 Standardabweichungen unter dem Mittelwert der Bezugspopulation liegt (oder eine ähnliche Abweichung in anderen statistischen Verteilungen). Wenn nur eine Gewichtsmessung vorliegt, besteht mit hoher Wahrscheinlichkeit eine erhebliche Unterernährung, wenn der Gewichtswert 3 oder mehr Standardabweichungen unter dem Mittelwert der Bezugspopulation liegt.
E44.0	Mäßige Energie- und Eiweißmangelernährung	Gewichtsverlust bei Kindern oder Erwachsenen oder fehlende Gewichtszunahme bei Kindern, die zu einem Gewichtswert führen, der 2 oder mehr, aber weniger als 3 Standardabweichungen unter dem Mittelwert der Bezugspopulation liegt (oder einer ähnlichen Abweichung in anderen statistischen Verteilungen). Wenn nur eine Gewichtsmessung vorliegt, besteht mit hoher Wahrscheinlichkeit eine mäßige Energie- und Eiweißmangelernährung, wenn der Gewichtswert 2 oder mehr, aber weniger als 3 Standardabweichungen unter dem Mittelwert der Bezugspopulation liegt.
E44.1	Leichte Energie- und Eiweißmangelernährung	Gewichtsverlust bei Kindern oder Erwachsenen oder fehlende Gewichtszunahme bei Kindern, die zu einem Gewichtswert führen, der 1 oder mehr, aber weniger als 2 Standardabweichungen unter dem Mittelwert der Bezugspopulation liegt (oder einer ähnlichen Abweichung in anderen statistischen Verteilungen). Wenn nur eine Gewichtsmessung vorliegt, besteht mit hoher Wahrscheinlichkeit eine leichte Energie- und Eiweißmangelernährung, wenn der Gewichtswert 1 oder mehr, aber weniger als 2 Standardabweichungen unter dem Mittelwert der Bezugspopulation liegt.

ICD-10	Mangelernährung	Erläuterung
E46	Nicht näher bezeichnete Energie- und Eiweißmangelernährung	Mangelernährung o.n.A. Störung der Protein-Energie-Balance o.n.A.
R63.3	Ernährungsprobleme und unsachgemäße Ernährung	Ernährungsproblem o.n.A. z.B. Nahrungsverweigerung
R63.4	Abnorme Gewichtsabnahme	
R64	Kachexie	BMI < 18,5 kg/m²

Fortsetzung der Tabelle 2

Unter der Bezugspopulation, auf deren Grundlage die Ziffern E43 und E44 kodiert werden, ist die statistische Verteilung des BMI in Deutschland zu verstehen. Nach dem Ernährungsbericht der Deutschen Gesellschaft für Ernährung (DGE) von 2008 ergibt sich dafür die Tab. 3. Besteht eine entsprechende Abweichung vom Mittelwert um mehr als eine, zwei bzw. drei Standardabweichungen und liegt ein laborchemischer Proteinmangel vor, kann die Mangelernährung entsprechend kodiert werden. Zur Begründung der Ziffer E46 kann ebenfalls ein zu niedriger Proteinwert herangezogen werden. Die R-Ziffern haben eine Sonderstellung. Sie stellen Symptome dar, die nicht eindeutig einer Diagnose zugeordnet werden und somit auf mehrere ursächliche Krankheiten oder Organsysteme hindeuten können (DIMDI, 2018). Grundsätzlich sollte vorzugsweise eine der E-Ziffern kodiert werden, da diese spezifischer ist und vielmehr die Ursache als ein Symptom reflektiert (Ax R., 16.04.2011).

Tab. 3:   Statistische Verteilung des BMI in Deutschland
(nach DGE, 2008)

Alter	BMI	Mittelwert	Standardabweichung
19-24	19-24	21,5	1,7087
25-34	20-25	22,5	1,7087
35-44	21-26	23,5	1,7087
45-54	22-27	24,5	1,7087
55-64	23-28	25,5	1,7087
> 64	24-29	26,5	1,7087

Die ausschließliche Basierung der Kodierung von Mangelernährung auf dem BMI sorgt jedoch für Kontroversen. Insbesondere bei übergewichtigen und adipösen Patienten muss zunächst ein extremer Gewichtsverlust entstehen, bevor hier eine Kodierung vorgenommen werden kann. Die DGEM hat dementsprechend den Vorschlag gemacht, eine differenzierte Erfassung vorzunehmen, die einen Risikopatienten sowohl durch das Vorliegen einer Mangelernährung als auch durch ein hohes Risiko eine solche zu entwickeln definiert. Darüber hinaus forderte sie bereits vor einigen Jahren, einen Bezug zur Fallschwere anhand der ESPEN-Definition herzustellen und die Ziffer E43 dementsprechend wie folgt zu unterteilen (Ockenga J., 2011):

E 43.0 milde Mangelernährung
Gewichtsverlust > 5 % in 3 Monaten oder
in der letzten Woche 50-75 % der normalen Nahrungsaufnahme

E 43.1 moderate Mangelernährung
BMI 18,5-20,5 kg/m² bei reduziertem Allgemeinzustand oder
Gewichtsverlust > 5 % in 2 Monaten oder
in der letzten Woche ca. 25-60 % der normalen Nahrungsaufnahme

E 43.2 schwere Mangelernährung
BMI < 18,5 kg/m² bei reduziertem Allgemeinzustand oder
Gewichtsverlust > 5 % in 1 Monat oder
in der letzten Woche ca. 0-25 % der normalen Nahrungsaufnahme

Für jede Diagnose wird im DRG-System ein Komplikations- und Komorbiditätslevel (CCL, Clinical Complexity Level) ermittelt. Da die Mangelernährung in der Regel eine Nebendiagnose ist, kann sie über die Steigerung des Schweregrades der Hauptdiagnose erlösrelevant werden. Je mehr relevante Nebendiagnosen kodiert werden, desto geringer ist jedoch ihr Einfluss auf das Komorbiditätslevel. Bei hochkomplexen Patienten hat die Kodierung einer Mangelernährung demnach eher weniger Gewicht. Systembedingt kommt es trotz einer Kodierung also nicht immer zu einer Erlössteigerung. Dennoch sollte die Mangelernährung immer korrekt dokumentiert werden, um ihre Relevanz in der jährlich stattfindenden Prüfung und Aktualisierung des G-DRG-Systems zu wahren (Ockenga J., 2011).

2.2.2 Wirtschaftlichkeit von therapeutischen Maßnahmen

Während die rechtzeitige Identifikation und frühzeitige Therapie von Mangelernährung medizinisch hochrelevant sind und signifikante klinische Effekte für den Patienten bieten, zeigen Untersuchungen ebenso, dass sie kosten- und budgeteinsparend und damit auch ökonomisch und politisch von großer

Bedeutung sind. Wie bereits dargestellt ist die Prävalenz der krankheitsbedingten Mangelernährung in den westlichen Industriestaaten hoch und weiter
steigend. Es wird davon ausgegangen, dass die Kosten bereits die im Rahmen
von Übergewicht und Adipositas entstehenden übersteigen (Löser C., 2011b).
Man hat kalkuliert, dass in Deutschland allein durch krankheitsbedingte
Mangelernährung im Krankenhaus zusätzliche Kosten von rund 5 Milliarden
Euro jährlich entstehen (Müller M. C., et al., 2007).

Ging man früher davon aus, dass die Behandlung der Mangelernährung Kosten bedeutet, geht es heute aus ökonomischer Sicht vielmehr darum, durch
frühzeitige, effektive Maßnahmen spätere Kosten einzusparen. Zwar kann wie
im vorangegangenen Kapitel dargestellt die Nebendiagnose bei korrekter
Dokumentation zusätzliche Erlöse erwirtschaften, diese können in der Regel
jedoch keine Stabstelle für Ernährungsmedizin refinanzieren (DKG, 2016).
Eine Untersuchung bei gastroeneterologischen und onkologischen Patienten
zeigte, dass pro gescreentem Patient durchschnittlich 15 € und pro Mangelernährtem 27 € als Mehrerlös entstehen (Ockenga J., 2011). Bei einer Station
mit 40 Betten und 2.500 Fällen pro Jahr ergäbe dies 37.500 € zusätzliche Ein-
nahmen, was immerhin in etwa dem Gehalt einer Diätassistentin entspricht.
Noch bedeutender ist jedoch das bereits angesprochene Einsparpotenzial,
welches aus der Verbesserung der Rekonvaleszenz, Minderung der Komplikationsraten und Reduzierung der Krankenhausverweildauer entsteht (vgl. Kap.
2.1.5). Eine retrospektive Analyse randomisiert kontrollierter Studien konnte
zeigen, dass durch den gezielten Einsatz von Trink- und Zusatznahrung ein
zusätzliches Einsparpotenzial zwischen 395 - 9.161 € pro Patient erreicht
werden kann (Löser C., 2011b).

Im Folgenden soll beispielhaft die Berechnung anhand eines Kosten-Nutzen-
Modells von Trinknahrung (TN) in der Viszeralchirurgie vorgestellt werden,
welches von CEPTON Strategies im Rahmen einer Studie zu den ökonomischen Auswirkungen krankheitsbedingter Mangelernährung in Deutschland
erstellt wurde (Müller M. C., et al., 2007). In einem ersten Modell wurde die
Krankenhausverweildauer von Patienten mit normaler Ernährung mit solchen
mit zusätzlicher Trinknahrung verglichen. Für die Verweildauer im Krankenhaus wurden sechs randomisierte Studien zu Grunde gelegt (Elia M., 2005).
Die Daten der durchschnittlichen Krankenhauskosten wurden vom Statistischen Bundesamt übernommen.

Tab. 4: **Einsparpotenzial in der Viszeralchirurgie durch den Effekt von Trinknahrung auf die Krankenhausverweildauer**
(Eigene Darstellung nach Müller M. C., et al., 2007)

	ohne TN	mit TN	Differenz
Anz. Patienten	100	100	
Krankenhausverweildauer in Tagen	14,5	12,6	- 1,9
Ø Kosten / Tag	€ 390	€ 390	0
Kosten Verweildauer	€ 565.500	€ 491.400	- € 74.100
Kosten TN / Tag / Patient	0	€ 3	+ € 3
Kosten TN insgesamt	0	€ 3.780	+ € 3780
Gesamtkosten (Verweildauer + TN)	€ 565.500	€ 495.180	- € 70.320
Kosten / Patient	€ 5.655	€ 4.952	- € 703

Die in dem Modell berechnete knapp zwei Tage kürzere Krankenhausverweildauer führt bei durchschnittlichen Krankenhauskosten von 390 € pro Tag zu einer Kostenersparnis von etwa 700 € pro Patient, wenn dieser zusätzlich zur normalen Ernährung mit Trinknahrung versorgt wird. Zusätzlich können weitere Kosten durch die Vermeidung von Komplikationen eingespart werden. Die Komplikationsraten der zugrundeliegenden Studien lagen bei 30 % bei Patienten mit normaler Ernährung und 15,2 % bei denen mit zusätzlicher Trinknahrung (Elia M., 2005).

Tab. 5: **Einsparpotenzial in der Viszeralchirurgie durch den Effekt von Trinknahrung auf die Komplikationsrate**
(Eigene Darstellung nach Müller M. C., et al., 2007)

	ohne TN	mit TN	Differenz
Anz. Patienten	100	100	
Komplikationen in % der Patienten	30,0	15,2	- 14,8
Kosten / Komplikationen (schwierig) Kosten / Komplikationen (leichter)	€ 1500 € 350	€ 1500 € 390	0 0
Kosten Komplikationen	€ 32.350	€ 15.495	- € 16.855
Kosten TN / Tag / Patient	0	€ 3	+ € 3
Kosten TN insgesamt	0	€ 3.780	+ € 3780
Gesamtkosten (Komplikationen + TN)	€ 32.350	€ 19.275	- € 13.075
Kosten / Patient	€ 324	€ 193	- € 131
Einsparung / vermiedener Komplikation			- € 883

Bei Betrachtung aller Patienten können so pro Kopf weitere 131 € eingespart werden. Dabei ist zu berücksichtigen, dass die Kosten für Trinknahrung in beiden Modellen berücksichtigt wurden, obwohl sie in der Realität nur einmal anfallen. Verrechnet man die Einsparung pro Patient mit der Rate der eingesparten Komplikationen (131 €/14,8 %) so erhält man die Kosten-Effektivität beziehungsweise die Einsparung pro vermiedener Komplikation, die 883 € beträgt.

Aktuelle Studien haben explizit die Wirtschaftlichkeit der ernährungsmedizinischen Betreuung im modernen G-DRG-System untersucht. In zwei kommunalen Krankenhäusern wurden die Kosten von Mangelernährung anhand von 469 Patienten mittels Multivariatanalyse berechnet. Patienten mit einem Risiko für Mangelernährung sorgten hier für 19,3 % Mehrkosten gegenüber dem Durchschnitt der entsprechenden DRG. Das 95 %-Konfidenzintervall der entstehenden Mehrkosten auf Basis der DRG-Berechnungen lag bei 200 - 1.500 € pro Fall (Amaral T. F., et al., 2007). Hierbei ist wiederum noch nicht berücksichtigt, dass durch die Kodierung der Mangelernährung zusätzliche Erlöse entstünden. Kruizenga et al. (2005) untersuchten hingegen, welchen Aufwand die Behandlung der Mangelernährung im Gegenzug kostet. Sie verglichen zwei Kollektive: Eine Gruppe wurde herkömmlich mit Krankenhauskost versorgt, die andere Gruppe erhielt ein Mangelernährungsscreening und eine standardisierte ernährungsmedizinische Betreuung. Für die Interventionsgruppe ergab sich eine durchschnittliche Reduktion der Krankenhausverweildauer von anderthalb Tagen und bei Patienten, die bereits bei stationärer Aufnahme mangelernährt waren, von sogar zweieinhalb Tagen gegenüber der Kontrollgruppe. Hierzu mussten pro Patient nur 76 € aufgebracht werden, um den Krankenhausaufenthalt um einen Tag zu verkürzen, was ökonomisch hochrelevant ist.

Ein weiteres Einsparpotenzial stellt die Optimierung der Krankenhausverpflegung selbst dar. Im Rahmen des *Nutrition Day Survey* zeigte sich, dass weniger als die Hälfte der Patienten ihre Mahlzeit vollständig verzehrt (Hiesmayr M., et al., 2009). In einer Erhebung in einem großen Klinikum mit 1.200 Betten konnte ebenfalls nachgewiesen werden, dass insgesamt mehr als 40 % des Essens nicht konsumiert wurde. Dies entsprach einem Klinikbudget von knapp 157.000 € (Barton A. D., et al., 2000). Durch Anpassung der Krankenhausküche an die Bedürfnisse der Patienten, eine intensive Patientenbetreuung und Maßnahmen zur Verbesserung der oralen Kostaufnahme könnten diese Verluste deutlich reduziert und der Bedarf an Supplementen gleichzeitig gesenkt werden.

Insgesamt weist das deutsche Gesundheitssystem noch deutliche Optimie-rungsmöglichkeiten zum Vorgehen gegen die Mangelernährung auf. Beispiels-weise ist die ambulante Ernährungsberatung weiterhin kein Bestandteil des Heilmittelkatalogs (G-BA, 22.01.2015) und damit keine verbindliche Leistung der Krankenkassen. Daher ist sie nicht allen Patienten gleichermaßen zugänglich und abhängig von den individuellen finanziellen Mitteln. Dabei wäre es sinnvoll, die Patienten auch nach einem klinischen Aufenthalt weiter zu betreuen, insbesondere, wenn sie von chronischen Erkrankungen oder dauer-haften Folgen einer Erkrankung oder Operation betroffen sind.

2.3 Umsetzung leitliniengerechter Algorithmen in Deutschland

Nach Bemessungsgrenze der WHO (BMI < 18,5 kg/m²) leben in Deutschland etwa 1,5 Millionen mangelernährte Menschen. Von diesen erhält lediglich ein Drittel ein klinisches Ernährungsregime. Zwei Drittel werden alternativ oder vermutlich gar nicht behandelt beziehungsweise nicht als mangelernährt identifiziert (Müller M. C., et al., 2007). Darüber hinaus bleibt zu bedenken, dass die Kriterien der WHO sehr eng gefasst sind und dementsprechend viele Patienten – vornehmlich bei krankheitsbedingter Mangelernährung – gar nicht als mangelernährt klassifizieren. Auch die *Nutrition Day Study* hat gezeigt, dass die Versorgungssituation kritisch ist. Nur 25 % der Patienten, die gar kein Essen zu sich nehmen und lediglich 8 % derer, die nur ein Viertel der Mahlzei-ten schaffen, erhielten im Krankenhaus supportive Nahrung (Hiesmayr M., et al., 2009).

Eine grundlegende Problematik liegt darin, dass bisher nur ein Bruchteil deut-scher Krankenhäuser ein interdisziplinäres Ernährungsteam etabliert hat. Im Jahr 1999 führten Senkal und Kollegen (2002) eine Erhebung durch, die zeigte, dass nur 47 der 833 befragten Krankenhäuser mit mehr als 250 Betten in Deutschland die Minimalanforderungen an ein Ernährungsteam erfüllten. Dies entspricht lediglich einem Anteil von 5,7 %. Zu den Hauptaufgaben der identi-fizierten Ernährungsteams gehörte die Erstellung von Ernährungsregimen, die Aus- und Fortbildung von Gesundheitspersonal und die Aufklärung und Schu-lung von Patienten und Angehörigen. 85 % der Ernährungsteams führte außer-dem Screenings auf Mangelernährung durch. Etwa zwei Drittel der Teams gaben an, sich in ihrer Arbeit an Leitlinien zu orientierten, wobei neun von zehn der Teams hierzu hausinterne Leitlinien verwendeten. Auch in einer weiteren Erhebung im Jahr 2004 von Shang und Kollegen (2005) zeigte sich kein besseres Bild: Lediglich 2,8 % der evaluierten 2.221 Krankenhäuser in Deutschland verfügten über ein interdisziplinäres Ernährungsteam, bestehend aus mindestens einem Arzt und einem weiteren Mitarbeiter (Pflegekraft, Diät-

assistentin, Ökotrophologin oder Apotheker). Zu den Häusern mit Ernährungsteam zählten insbesondere universitäre Kliniken und große, städtische
oder Lehr-Krankenhäuser mit einer durchschnittlichen Bettenzahl von 1.132.
Auch hier orientierte sich der überwiegende Teil von 79 % der Ernährungsteams an Leitlinien, die wiederum bei knapp der Hälfte hausintern entwickelt worden waren. Die Autoren folgern aus ihrer Untersuchung, dass für eine
Verbesserung der Versorgungssituation eine Standardisierung in der Durchführung, einheitliche und bessere Dokumentation sowie Leitlinien für den
Bereich Klinische Ernährung für eine Verbesserung der Versorgungssituation
notwendig sind, da bisher sehr individuell vorgegangen wird. Zu berücksichtigen ist, dass das NRS-Screening, welches heute für die Klinik empfohlen wird,
damals noch nicht etabliert war.

In diesem Zusammenhang ist des Weiteren zu erwähnen, dass zwischen 2013
und 2015 neue Leitlinien zur Klinischen Ernährung von der DGEM publiziert
wurden, die detaillierte Hintergrundinformationen und Empfehlungen zu einer
Vielzahl von Fachbereichen wie der Gastroenterologie, Geriatrie und Onkologie enthalten. Zudem wurde in den letzten Jahren eine Reihe von Leitlinien von
der ESPEN überarbeitet beziehungsweise neu erstellt. Es ist also zu erwarten,
dass die bestehenden Ernährungsteams sich vermehrt nach diesen allgemein-
gültigen Leitlinien richten und weitere Krankenhäuser den Bedarf und Stellenwert der klinischen Ernährung erkennen und entsprechend handeln werden.

3 Material und Methoden

3.1 Literaturrecherche

Für die Zusammenstellung der Hintergrundinformationen dieser Arbeit wurde zunächst in der Fachbibliothek der Fachhochschule Münster gesucht. Weiter wurden Leitlinien und Publikationen der Fachgesellschaften DGEM und ESPEN sowie der WHO im Internet recherchiert. In den Literaturverweisen der Leitlinien und einem umfassenden Grundlagenwerk aus der Bibliothek wurden bereits eine Reihe für diese Ausarbeitung relevanter Studien genannt.

Zur Vervollständigung und Berücksichtigung aktueller Publikationen wurde anschließend eine systematische Literaturrecherche in der wissenschaftlichen Datenbank PubMed durchgeführt. Als Filter wurde der Zeitraum von 2002 bis heute gewählt, da das NRS-Screening im Jahr 2002 veröffentlicht wurde und primär Studien gesucht wurden, die dieses Screening-Tool verwenden. Die Suchbegriffe „malnutrition AND nrs" ergaben 249 Treffer, von denen 52 Abstracts und daraufhin 15 Volltexte auf ihren Inhalt geprüft wurden. Eine weitere Suche mit den Suchbegriffen „hospital AND malnutrition AND nutritional assessment AND germany" ergab weitere 105 Treffer, von denen 22 Abstracts geprüft und daraufhin 5 Volltexte gelesen wurden. Von vornherein ausgeschlossen wurden Studien, die sich mit Kindern oder stark indikationsspezifischen Patientengruppen (z.B. nur dialysepflichtige Patienten) beschäftigten, die nicht das klinische Setting betrafen (z.B. geriatrische Patienten in der Heimpflege) oder die ausschließlich andere Screening-Tools als das NRS oder SGA nutzten und die nicht in deutscher oder englischer Sprache verfügbar waren.

3.2 Kooperationspartner

3.2.1 Israelitisches Krankenhaus Hamburg

Das Israelitische Krankenhaus in Hamburg Alsterdorf ist ein Lehrkrankenhaus der Universität Hamburg. Es verfügt über je eine internistische und chirurgische Fachabteilung, Intensivmedizin, ein Ernährungs- und Palliativcareteam sowie ein angeschlossenes Hospiz. Zur Diagnostik stehen ein Funktionslabor, Endoskopie, Radiologie und Herzkatheterlabor zur Verfügung.

Das Krankenhaus wurde 1839 von Salomon Heine, einem jüdischen Bankier und Mäzen der Stadt, aufgrund der damals katastrophalen Krankenhaussituation gestiftet. Unter dem Leitspruch „Menschenliebe ist die Krone aller Tugen

© Springer Fachmedien Wiesbaden GmbH, ein Teil von Springer Nature 2019
K. Gewecke, *Prescreening auf Mangelernährung in der Klinik*, Forschungsreihe der FH Münster, https://doi.org/10.1007/978-3-658-27476-4_3

den" werden seitdem Bürger gleich welcher Herkunft oder Religion behandelt. Das Leitmotiv, die Erfüllung des heutigen Versorgungsauftrages und die Einbeziehung der zukünftigen Entwicklung des Gesundheitswesens bestimmen die Zielplanung des IKH, an der alle Berufsgruppen und das Trägerkuratorium beteiligt sind.

Mit ca. 180 Betten handelt es sich um ein vergleichsweise kleines Klinikum, welches von seinem hohen Spezialisierungsgrad auf gastroenterologische und onkologische Erkrankungen profitiert. Insbesondere die Funktionsdiagnostik ist in ihrer Größe, Fallzahl und Untersuchungsvielfalt in Deutschland und Europa herausragend. Die Spezialisierung zeichnet sich des Weiteren dadurch aus, dass international führende Experten ihres jeweiligen Fachbereichs am IKH arbeiten. Mehrere Ärzte des Hauses sind Erstautoren deutschlandweit und international geltender Leitlinien.

3.2.2 Ernährungsteam und Aufgabenbereiche

Das Ernährungsteam stellt eine wesentliche Säule des klinischen Alltags im IKH dar und hat zwei wesentliche Aufgabenbereiche: die Identifikation und Behandlung von Patienten mit einem Mangelernährungsrisiko sowie indikationsspezifische Ernährungsberatungen. Eine internistische Oberärztin koordiniert und betreut das Ernährungsteam, das zum Zeitpunkt der Untersuchung im April aus einer halbtags angestellten Diätassistentin und einer in Vollzeit arbeitenden Ökotrophologin bestand. Dabei handelte es sich jedoch um eine Übergangszeit mit einem personellen Engpass: In den Jahren zuvor war halbtags zusätzlich eine Schwester tätig, die ausschließlich für die Durchführung von Screenings zuständig war. Seit Mai 2018 wird das Team durch eine weitere Diätassistentin in Vollzeit ergänzt, und seit September ist auch die ausgefallene Halbtagskraft wieder Teil des Teams, sodass aktuell zwei Vollzeit- und zwei Halbtagsstellen aktiv im Ernährungsteam tätig sind.

Das Screening zur Identifikation eines Mangelernährungsrisikos beginnt bereits bei der Aufnahme eines Patienten in das Krankenhaus. Jeder Patient bekommt dazu einen Prescreening-Bogen ausgehändigt (s. Anh. 3), welchen er in der Regel selbständig ausfüllt. Über die interne Post werden die Bögen von der Aufnahme an das Ernährungsteam weitergeleitet, welches sie jeden Morgen auswertet. Anschließend werden alle Patienten, deren Prescreening als auffällig gekennzeichnet wurde, auf ihrer Station aufgesucht. Dort wird im Gespräch mit dem Patienten das Hauptscreening durchgeführt (s. Anh. 4) und je nach Ergebnis werden entsprechende Maßnahmen eingeleitet. Kommt es zu einer ungeplanten Aufnahme eines Patienten außerhalb der regulären Zeiten, wird dem Ernährungsteam vom Mitarbeiter am Empfang das Deckblatt der Patientenakte zugestellt, sodass er direkt auf Station aufgesucht und gescreent werden kann.

Die primären Ziele des Screenings bestehen darin, Risikopatienten mit einem möglichen Gewichtsverlust und/oder Mangel an Protein und somit an Muskelmasse frühzeitig zu erkennen und erforderliche Maßnahmen einzuleiten. Dementsprechend werden Patienten mit einem Risiko oder bereits bestehender Mangelernährung bedarfsorientiert mit Wunschkost, angereicherten Speisen wie Energiesuppen, hochkalorischer Trinknahrung, Nahrungsergänzung, enteraler und/oder parenteraler Nahrung versorgt. Auch auf bereits diagnostizierte Unverträglichkeiten wird in Kooperation mit der krankenhauseigenen Küche eingegangen. Gegen Ende des Aufenthaltes wird außerdem eine poststationäre Empfehlung für die anschließende Versorgung gegeben. Als Teil des *Palliativ Care Teams* des IKH betreut das Ernährungsteam insbesondere auch Palliativpatienten, die häufig nur noch sehr wenig Nahrung zu sich nehmen können. Hier liegt das primäre Ziel darin, Speisen zu finden, die für den Patienten noch Genuss bedeuten und weniger in der Optimierung der Nährstoffbilanz.

Wird während eines stationären Aufenthalts eine Diagnose gestellt (z.B. eine Nahrungsmittelunverträglichkeit, Stoffwechselstörung) oder ein Eingriff vorgenommen (z.B. Magenresektion), die eine Umstellung der Ernährung erfordern, bekommt der Patient eine Ernährungsberatung und entsprechendes Informationsmaterial für die Ernährung nach dem Klinikaufenthalt. Eine Beratungssitzung dauert bis zu einer Stunde. Sie kann auch gemeinsam mit Erziehungsberechtigten oder dem Lebensgefährten durchgeführt werden, insbesondere dann, wenn diese nach dem Aufenthalt oder generell die Nahrungszubereitung übernehmen. Diese Leistungen, die im klinischen Rahmen durchgeführt werden, werden finanziell vom Krankenhaus getragen – ein weiterer Qualitätsaspekt, der das Haus auszeichnet. Umfangreichere Beratungen können im Anschluss an den Klinikaufenthalt ambulant durchgeführt werden. Diese müssen dann privat bezahlt werden und können mit einer Notwendigkeitsbescheinigung durch den behandelnden Arzt von Krankenkassen unterstützt werden wie es bei selbständigen Ernährungsberatern üblich ist.

3.2.3 Prescreening auf Mangelernährung

Der Fragebogen des Prescreenings im IKH (s. Anh. 3) beginnt mit einer kurzen Einleitung. Sie erläutert dem Patienten, warum die Daten erhoben werden und verdeutlicht, dass seine Genesung auf Grundlage der Angaben durch entsprechende Maßnahmen positiv beeinflusst werden kann. Im Weiteren orientiert sich der Fragebogen am NRS-Screening, ist jedoch nicht mit diesem identisch. Die wesentlichen Unterschiede sind im Folgenden aufgeführt:

- Nach NRS soll erfasst werden, ob der BMI < 20,5 kg/m² beträgt. Dieser Aspekt fehlt im Vorscreening des IKH.

- Die Frage nach dem Gewichtsverlust in den vergangenen 3 Monaten ist im IKH um die Spezifikation des *ungewollten* Gewichtsverlusts ergänzt.

- Die Frage nach verminderter Nahrungszufuhr bezieht sich im IKH auf die letzten zwei Wochen anstatt auf die letzte Woche wie nach NRS.

- Das IKH erfasst als zusätzlichen Parameter, ob sich der Patient in letzter Zeit in seiner Leistungsfähigkeit stark beeinträchtigt fühlt.

- Die Frage, ob eine schwere Erkrankung vorliegt, ist im Fragebogen des IKH weiter spezifiziert. Sie wird als chronische Erkrankung an Bauchspeicheldrüse, Darm, Herz, Lunge, Leber, Niere beziehungsweise als eine Tumorerkrankung definiert.

- Im IKH wird zusätzlich erfasst, ob eine Nahrungsmittelunverträglichkeit vorliegt und gegebenenfalls welche.

Ebenso wie im NRS gilt das Prescreening im IKH als auffällig, sobald eine der Fragen mit *Ja* beantwortet wurde. Das Ernährungsteam ruft daraufhin zunächst die zum Patienten verfügbaren Informationen im Krankenhausinformationssystem *Orbis* auf und notiert relevante Informationen wie die Laborwerte von Gesamtprotein und Albumin aus dem Labor, aktuelle Symptome und Beschwerden und soweit vorhanden Hauptdiagnosen beziehungsweise Verdachtsdiagnosen aus der ärztlichen Aufnahme.

3.2.4 Wirtschaftlichkeit der Ernährungsscreenings

Die Kodierung der Mangelernährung erfolgt im Anschluss an das Hauptscreening auf Grundlage der Kodierempfehlung des Medizinischen Dienstes der Krankenversicherung (MDK). Der Hauptscreeningbogen des IKH enthält dazu eine altersbezogene BMI-Tabelle mit den entsprechenden Grenzwerten zur Kodierung der Ziffern E43, E44.0 und E44.1 (vgl. Anh. 4). Ist der BMI noch im Normbereich bei jedoch vorliegendem laborchemischem Eiweißmangel, wird dies mit E46 codiert. Die Daten bezüglich Gewichtsverlust, Adipositas und Kachexie werden nicht separat auf dem Screeningbogen vermerkt, aber sofern zutreffend ebenfalls in *Orbis* dokumentiert.

Um die wirtschaftliche Bedeutung der Screenings auf Mangelernährung einschätzen zu können, wurde 2016 eine Auswertung der Erlössteigerung durch die Kodierung der Mangelernährung am IKH vorgenommen. Es wurde ermittelt, dass bei einem Viertel aller Patienten ein Sprung im DRG-System entstünde, wenn eine Mangelernährung kodiert würde. Bei diesen Patienten würde die Kodierung also tatsächlich auch zu einer Erlössteigerung führen. Im betreffenden Jahr wurde wiederum für etwa ein Viertel dieser Patienten die Kodierung einer E-Ziffer vorgenommen, was einen Mehrerlös von circa 53.000 € erbrachte. Für die Jahre 2017 und 2018 sind laut Controlling des Hauses ähnliche Zahlen anzunehmen (Ax R., 16.04.2011). Da die Auswertung von einem Dienstleister durchgeführt wurde, stehen leider keine Primärdaten zur Verfügung, sodass keine Rückschlüsse darauf möglich sind, wieviel Mehrerlös pro Patient entstanden ist beziehungsweise bei wie vielen Patienten ein Sprung in der DRG-Klasse vorlag.

3.3 Design

Zur Überprüfung der prognostischen Validität des Prescreenings im IKH wurde über einen Untersuchungszeitraum von drei Wochen (26.03.2018 - 13.04.2018) das Hauptscreening auf Mangelernährung zusätzlich mit denjenigen Patienten durchgeführt, deren Prescreening vom Ernährungsteam als unauffällig befunden wurde. Die Befragung erfolgte ausschließlich durch die Autorin dieser Arbeit und die gewohnten Abläufe des Hauses wurden soweit wie möglich beibehalten. In die Erhebung wurden sowohl internistische als auch chirurgische Patienten eingeschlossen. Dementsprechend wurden zwei internistische (Station 2A und 2B) sowie drei chirurgische Stationen (2C, 3A und 3B) eingeschlossen, da zu erwarten war, dass auf diese Weise in etwa gleich viele Patienten beider Fachbereiche eingeschlossen würden.

Die Prescreening-Bögen kamen täglich aus der zentralen Patientenaufnahme zum Ernährungsteam, welches die Bögen nach eigenem Ermessen auswertete. Wie üblich screente das Ernährungsteam daraufhin die auffälligen Patienten sowie diejenigen, für die ein Deckblatt der Krankenakte vorlag, während die Untersucherin die unauffälligen Patienten auf ihrer Station aufsuchte und anhand des Hauptscreenings befragte. Anstatt die Screeningbögen direkt dem betreuenden Arzt zu übergeben, wurden sie während des Untersuchungszeitraums im Büro des Ernährungsteams gesammelt, von der Untersucherin mit Hilfe des Microsoft Office Programms *Excel* dokumentiert und anschließend auf die entsprechenden Stationen weitergeleitet. Laborparameter und Diagnosen wurden von der Untersucherin aus dem Krankenhausinformationssystem *Orbis* herausgesucht und ebenfalls dokumentiert. Um sicher zu stellen, dass auch Patienten berücksichtigt werden, die kein Prescreening erhalten hatten, überprüfte die Untersucherin täglich die Einträge des Terminbuchungssystems *Samedi*, das im IKH zur Organisation der Aufnahmen genutzt wird. Patienten, für die weder ein Prescreening noch ein Deckblatt der Krankenakte beim Ernährungsteam vorlag, wurden ebenfalls von der Untersucherin anhand des Hauptscreenings befragt.

Über den Untersuchungszeitraum von drei Wochen wurden auf diese Weise Daten von insgesamt 241 Patienten gesammelt. Anschließende Ausschluss-kriterien waren ein Alter von weniger als 18 Jahren, eine bereits bestehende enterale oder parenterale Ernährung sowie eine Verlegung auf eine andere Station oder ausschließliche Behandlung in der Ambulanz. Dementsprechend konnten die Screening-Ergebnisse von 212 Patienten berücksichtigt werden.

3.4 Statistische Auswertung

Für die statistische Auswertung wurden die Daten aus *Excel* in das Programm *IBM SPSS Statistics* (Version 24.0.0.0) für Windows übertragen und entspre-chend aufbereitet. Zur Beschreibung der Patientencharakteristika wurden quantitative Auswertungen vorgenommen sowie der Mittelwert und die Stan-dardabweichung mittels deskriptiver Statistik für das Patientenalter berechnet. Metrische Parameter wie das Alter und der BMI wurden im Verlauf nach Kolmogorov-Smirnoff und Shapiro-Wilk auf Normalverteilung getestet. Zur übersichtlichen Darstellung und für statistische Tests wurde anschließend eine Altersklassierung mit einer Spanne von 10 Jahren vorgenommen. Zur Ermitt-lung der Spannbreite beziehungsweise Anzahl der Klassen wurde zunächst die Sturges-Regel angewandt ($k = 8{,}79$) und der Wert auf eine ganze Zahl aufge-rundet ($k = 9$).

Als Grundlage für die weitere Auswertung wurde zunächst das gesamte Kollektiv betrachtet und quantitativ ausgewertet, wie viele Pre- und Haupt-screenings durchgeführt wurden und welche Ergebnisse diese jeweils brach-ten. Daraus wurde zudem die Falsch-Negativ-Testrate des Prescreenings ermittelt, indem die Anzahl der Patienten, die im Prescreening unauffällig waren, laut Hauptscreening jedoch ein Risiko aufwiesen, durch die Anzahl aller Risikopatienten geteilt wurde. Entsprechend berechnete sich die Falsch-Posi-tive-Testrate durch die Anzahl der Patienten, die im Prescreening auffielen, im Hauptscreening jedoch negativ waren, dividiert durch die Anzahl aller Patien-ten ohne Risiko. In einem dritten Schritt wurde darauf basierend der gesamte Anteil an durch das Screening falsch eingeschätzten Patienten berechnet. Hierzu wurde die Summe der falsch eingeschätzten durch die aller Patienten mit verfügbarem Pre- und Hauptscreening geteilt.

In die weitere Analyse wurden nur die Patienten eingeschlossen, für die ein Hauptscreening durchgeführt werden konnte. Zur Darstellung des Ernährungszustands wurde ausgewertet, wie viele Patienten nach Definition der WHO unter-, normal- beziehungsweise übergewichtig oder adipös waren, welcher NRS-Score sich für die Patienten ergab und wie häufig Kodierungen von Mangelernährung vorgenommen wurden. Zur Validierung des Prescreenings wurde in einem weiteren Schritt betrachtet, welche Ergebnisse das Hauptscreening je nach vorheriger Klassifizierung durch das Ernährungsteam ergeben hatte.

Um mögliche Handlungsempfehlungen und Optimierungen des Prescreenings ableiten zu können, wurden die Resultate des Pre- und Hauptscreenings näher analysiert und Assoziationen einzelner Parameter mit dem Auftreten einer Mangelernährung evaluiert. Sofern metrische Variablen vorlagen, wurden Unterschiede von Gruppen anhand des Mann-Whitney U-Tests überprüft. Im Falle von nominalen Daten wurden univariate Analysen in Form von Kontingenztabellen und dem Chi^2-Test nach Pearson durchgeführt. Statistische Signifikanz wurde als $p < 0,05$ definiert, mit $p < 0,005$ als hoch signifikant.

In einem letzten Schritt wurden diejenigen Einflussfaktoren genauer betrachtet, die bisher nicht im Prescreening abgefragt werden, sich jedoch als signifikant assoziiert mit der Mangelernährung zeigten. Zusätzlich wurde ermittelt, wie viele der im Prescreening unauffälligen Patienten bei Berücksichtigung dieser Parameter zusätzlich hätten gescreent werden müssen und wie viele weitere dadurch als mangelernährt hätten identifiziert werden können.

4 Ergebnisse

4.1 Patientenkollektiv

Insgesamt entsprachen zunächst 223 Patienten den genannten Einschlusskriterien. Elf von ihnen wurden im Verlauf ihres Aufenthaltes jedoch auf eine andere Station verlegt und daher nachträglich ausgeschlossen, sodass die Daten von 212 Patienten ausgewertet werden konnten. Davon sind 121 weiblich (57,1 %) und 91 männlich (42,9 %). Ihr Alter lag zwischen 18 und 96 mit einem Durchschnitt von 60 ± 17 Jahren. Der Test auf Normalverteilung für das Alter des Patientenkollektivs fiel signifikant aus, sodass keine Normalverteilung angenommen werden kann (vgl. Anh. 6). Dies wäre ohnehin nicht zu erwarten, da es sich um Krankenhauspatienten handelt. Bedingt durch die Zunahme der Morbidität mit dem Älterwerden ist in der Klinik von einem höheren Alter als dem gesellschaftlich durchschnittlichen auszugehen. Abb. 10 zeigt die klassierte Altersverteilung, anhand derer zu erkennen ist, dass die meisten Patienten in der Altersklasse von 71-80 Jahren lagen.

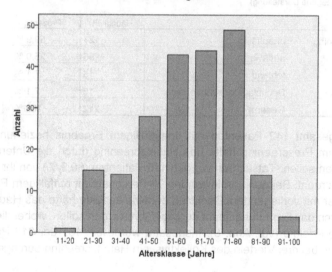

Abb. 10: Klassierte Altersverteilung des Patientenkollektivs im IKH
(Eigene Darstellung)

Die Patienten waren insgesamt gleichmäßig über die eingeschlossenen Stationen verteilt (s. Anh. 7). Lediglich die Anzahl auf Station 3A war verhältnismä-

© Springer Fachmedien Wiesbaden GmbH, ein Teil von Springer Nature 2019
K. Gewecke, *Prescreening auf Mangelernährung in der Klinik*, Forschungsreihe der FH Münster, https://doi.org/10.1007/978-3-658-27476-4_4

ßig etwas niedriger. Gründe hierfür könnten in einer geringeren Betten-
auslastung liegen oder in einer längeren Krankenhausverweildauer dieser
Patienten, aufgrund derer seltener neue aufgenommen werden konnten.
117 Patienten (55,2 %) waren der Chirurgie zugeordnet und die übrigen 95
(44,8 %) der internistischen Abteilung.

4.2 Screenings

4.2.1 Durchführung

Für 182 der 212 Patienten wurde dem Ernährungsteam im Untersuchungszeitraum ein Prescreening weitergeleitet. Hinzu kamen die Deckblätter der Akte
von 15 Patienten, die außerplanmäßig aufgenommen wurden. Entsprechend
war für ebenfalls 15 Patienten keinerlei Unterlage beim Ernährungsteam vorhanden, sodass diese normalerweise kein Screening auf Mangelernährung
erhalten hätten (vgl. Tab. 6).

Tab. 6:   Prescreening-Ergebnisse
      (Eigene Darstellung)

		Häufigkeit	Prozent
Prescreening	unauffällig	127	59,9 %
	auffällig	55	25,9 %
	fehlend	15	7,1 %
	Deckblatt der Krankenakte	15	7,1 %
	Gesamt	212	100 %

Bei insgesamt 142 Patienten mit unauffälligem Ergebnis beziehungsweise
fehlendem Prescreening hätte das Hauptscreening durch die Untersucherin
stattfinden sollen. Tatsächlich wurden 115 Patienten (80,9 %) von ihr auf Station gescreent. Bei den verbleibenden 70 Personen mit auffälligem Prescreening oder mit vorliegendem Deckblatt der Krankenakte hätte das Hauptscreening durch das Ernährungsteam durchgeführt werden sollen, wobei dies für 46
(65,7 %) erfolgte (vgl. Anh. 8). Insgesamt wurde bei 161 der 212 Patienten,
und somit bei drei Vierteln des Kollektivs, ein Hauptscreening durchgeführt.

Tab. 7: Anzahl nicht durchgeführter Hauptscreenings nach Zuständigkeit und Grund
(Eigene Darstellung)

		Zuständigkeit		Gesamt	
		Untersucherin	Ernährungsteam	Häufigkeit	Prozent
Grund	bereits entlassen	26	20	46	90,2 %
	Sprachbarriere	2	1	3	5,9 %
	sonstige Gründe	0	2	2	3,9 %
	Gesamt	28	23	51	100,0 %

Der primäre Hinderungsgrund für die Durchführung des Hauptscreenings war, dass der Patient zum gewählten Zeitpunkt der Umsetzung bereits entlassen war. Deutlich seltener lagen eine unüberwindbare Sprachbarriere zwischen Untersucher und Patient oder andere, nicht genauer dokumentierte Gründe vor (s. Tab. 7).

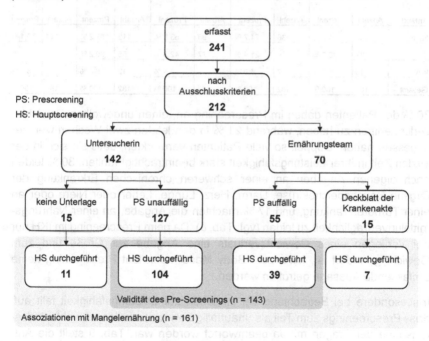

Abb. 11: Fließschema zur Anzahl der durchgeführten Screenings
(Eigene Darstellung)

Abb. 11 gibt einen Überblick über die Anzahl der durchgeführten Screenings, deren Ergebnisse in den folgenden Kapiteln dargestellt werden. Die Validität des Prescreenings kann nur anhand derjenigen Fälle analysiert werden, für die sowohl ein Pre- als auch ein Hauptscreening verfügbar ist. Die Assoziation verschiedener Parameter mit dem Auftreten einer Mangelernährung kann wiederum für all diejenigen Fälle ermittelt werden, für die ein Hauptscreening und damit ein NRS-Score bzw. eine DRG-Dokumentation vorliegt.

4.2.2 Prescreening

30 % der 182 Prescreening-Bögen sind vom Ernährungsteam als *auffällig* klassifiziert worden und dementsprechend 70 % als *unauffällig*. Dementsprechend dürften maximal 30 % der Patienten mindestens eine der Fragen mit *Ja* beantwortet haben.

Tab. 8:   Antworthäufigkeiten im Prescreening
(Eigene Darstellung)

	ungewollter Gewichtsverlust		reduzierte Nahrungsaufnahme		reduzierte Leistungsfähigkeit		chronische Erkrankung		Nahrungsmittel-unverträglichkeit	
Antwort	Anzahl	Prozent	Anzahl	Prozent	Anzahl	Prozent	Anzahl	Prozent	Anzahl	Prozent
Nein	135	74,2 %	136	74,7 %	98	53,8 %	115	63,2 %	144	79,1 %
Ja	37	20,3 %	39	21,4 %	77	42,3 %	55	30,2 %	31	17,0 %
k.A.	10	5,5 %	7	3,9 %	7	3,9 %	12	6,6 %	7	3,9 %
Gesamt	182	100 %	182	100 %	182	100 %	182	100 %	182	100 %

20 % der Patienten gaben im Prescreening an, einen ungewollten Gewichtsverlust erlitten zu haben, während 21 % in den letzten zwei Wochen weniger gegessen hatten. Doppelt so viele Patienten vermerkten, dass sie sich in der letzten Zeit in ihrer Leistungsfähigkeit stark beeinträchtigt fühlten. 30 % leiden nach eigenen Angaben an einer schweren chronischen Erkrankung der Organe Bauchspeicheldrüse, Darm, Herz, Lunge, Leber oder Niere oder an einer Tumorerkrankung, und 17 % machten die Angabe, an einer Nahrungsmittelunverträglichkeit zu leiden (vgl. Tab. 8). Da beim Prescreening im IKH nur bei Vorliegen eines Gewichtsverlusts eine Angabe zur Größe und zum Gewicht gefordert ist, kann zum Body Mass Index laut Prescreening keine umfassende Aussage getroffen werden.

Insbesondere bei Betrachtung der Angaben zur Leistungsfähigkeit fällt auf, dass Prescreenings zum Teil als unauffällig bewertet wurden, obwohl mindestens eine der Fragen mit *Ja* beantwortet worden war. Tab. 9 stellt die Antworthäufigkeiten der als *unauffällig* bewerteten Prescreenings dar. Besonders häufig wurden solche als unauffällig kategorisiert, bei denen die Frage zur reduzierten Leistungsfähigkeit und/oder zu einer chronischen Erkrankung positiv beantwortet worden war.

Tab. 9: **Antworthäufigkeiten in den als unauffällig klassifizierten Prescreenings**
(Eigene Darstellung)

		Ja	Nein	k.A.	Gesamt
Frage	ungewollter Gewichtsverlust	1	124	2	127
	reduzierte Nahrungsaufnahme	7	120	0	127
	reduzierte Leistungsfähigkeit	39	87	1	127
	chronische Erkrankung	31	92	4	127
	Nahrungsmittelunverträglichkeit	18	109	0	127

4.2.3 Hauptscreening

Die Ergebnisse dieses Kapitels beziehen sich auf den Teil des Patientenkollektivs, mit dem im Anschluss an das Prescreening ein Hauptscreening durchgeführt wurde (161 Personen, vgl. Abb. 11). Ein häufig verwendeter Parameter zur ersten Einschätzung des Ernährungsstatus ist der BMI. Wie bereits dargestellt, gelten laut WHO Personen mit einem BMI unter 18,5 kg/m² als untergewichtig. Im untersuchten Patientenkollektiv sind nach dieser Definition lediglich 7,3 % mangelernährt. Abb. 12 zeigt die Patientenzahl je BMI-Klasse nach WHO. Laut NRS-Vorscreening sind hingegen alle Patienten mit einem BMI unter 20,5 kg/m² als auffällig zu bewerten. Im untersuchten Kollektiv trifft dieses Kriterium auf 31 Patienten und damit auf 19,2 % zu.

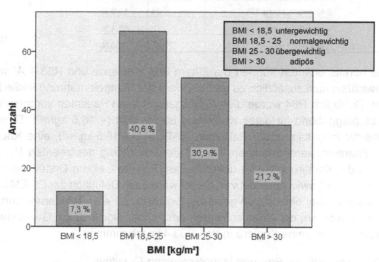

Abb. 12: **Klassierte BMI-Verteilung des Patientenkollektivs im IKH**
(Eigene Darstellung)

Darüber hinaus gilt nach NRS, dass Patienten mit einem Score ≥ 3 ein Risiko für eine Mangelernährung aufweisen. Dies trifft im Kollektiv auf 51,3 % der vollständig gescreenten Patienten zu. Bei 20,4 % liegt der NRS-Score sogar ≥ 5, was nach Definition des IKH den direkten Beginn mit supportiver Trinknahrung oder gar enteraler oder parenteraler Ernährung erfordert (vgl. Anh. 9). Um eine Vergleichbarkeit mit anderen Studien zu gewährleisten, wird im Weiteren ausschließlich zwischen einem Score < 3 beziehungsweise ≥ 3 unterschieden.

Für 51,6 % der vollständig gescreenten Patienten wurde als Folge des Hauptscreenings die Kodierung einer Mangelernährung als Nebendiagnose (E-Ziffer) vorgenommen (vgl. Tab. 10). Bezogen auf das gesamte Kollektiv (n = 212), also inklusive der nicht anhand des Hauptscreenings Untersuchten, beträgt die Prävalenz des Risikos einer Mangelernährung und der Kodierung einer E-Ziffer jeweils rund 39 %.

Tab. 10: Häufigkeiten der Kodierungen von Mangelernährung als Nebendiagnose
(Eigene Darstellung)

		Häufigkeit	Prozent
Kodierung	E46 nicht näher bez. ME	22	13,7 %
	E44.1 leichte ME	17	10,6 %
	E44.0 mäßige ME	20	12,4 %
	E43 erhebliche ME	24	14,9 %
	keine Kodierung	78	48,4 %
	Gesamt	161	100 %

Wie bereits erläutert können die Ziffern R64 *Kachexie* und R63.4 *Abnormer Gewichtsverlust* zusätzlich zu den E-Ziffern der Mangelernährung kodiert werden. Bezüglich R64 wurde dies für insgesamt zehn Patienten vorgenommen. Ausschlaggebend für diese Kodierung ist der BMI (< 18,5 kg/m²). Demnach hätte für insgesamt zwölf Patienten (BMI: 14,9 – 18,5 kg/m²), eine Kachexie dokumentiert werden können. Für 31 der vollständig gescreenten Patienten wurde die Kodierung R63.4 dokumentiert. Bei etwa einem Drittel von diesen lag zwar ein Gewichtsverlust vor, dieser wäre nach Definition der DGEM jedoch nicht als *schwer* einzustufen gewesen (vgl. Kap. 2.1.4.1). Wiederum wurde bei sechs Patienten, die einen schweren oder sogar signifikanten Gewichtverlust erlitten hatten, keine Kodierung von R63.4 vorgenommen.

4.2.4 Abgleich der Pre- und Hauptscreening-Resultate

Die 127 Patienten mit unauffälligem Prescreening-Ergebnis sollten kein Risiko für eine Mangelernährung aufweisen. Es zeigt sich jedoch, dass dies nicht der Fall ist: von 104 Patienten, mit denen ein Hauptscreening durchgeführt werden

konnte, erreichen 37 einen NRS-Score ≥ 3 und weisen damit ein Mangelernährungsrisiko auf (vgl. Tab. 11). Insgesamt haben 70 Patienten des Kollektivs mit
unauffälligem Prescreening einen NRS-Score ≥ 3, sodass sich eine Falsch-
Negativ-Rate von 52,8 % ergibt. Hingegen liegt die Falsch-Positiv-Rate bei
lediglich 8,2 %. Insgesamt wurden durch das Prescreening 30,1 % der Patienten falsch eingeschätzt.

Tab. 11: Häufigkeit der NRS-Scores nach Prescreening-Ergebnis
(Eigene Darstellung)

		unauffällig		auffällig	
		Häufigkeit	Prozent	Häufigkeit	Prozent
NRS-Score	≥ 5 Punkte	7	6,7 %	20	51,4 %
	≥ 3 Punkte	30	28,8 %	13	33,3 %
	< 3 Punkte	67	64,4 %	6	15,3 %
	Gesamt	104	100,0 %	39	100,0 %

Für das als unauffällig klassierte Patientenkollektiv wurden außerdem Kodierungen von Mangelernährung vorgenommen. Für insgesamt 42,3 % der als
unauffällig eingestuften Patienten, mit denen ein Hauptscreening durchgeführt
werden konnte, wurde eine Mangelernährung als Nebendiagnose kodiert
(s. Tab. 12). Zusätzlich wurde für vier Patienten eine Kachexie (R64) und für
fünf Patienten ein abnormer Gewichtsverlust (R63.4) registriert (s. Anh. 10 und
Anh. 11).

Tab. 12: Kodierungen von Mangelernährung nach Prescreening-Ergebnis
(Eigene Darstellung)

		unauffällig		auffällig	
		Häufigkeit	Prozent	Häufigkeit	Prozent
Kodierung	E46 nicht näher bez. ME	12	11,5 %	5	12,8 %
	E44.1 leichte ME	11	10,6 %	4	10,3 %
	E44.0 mäßige ME	11	10,6 %	8	20,5 %
	E43 erhebliche ME	10	9,6 %	12	30,8 %
	Gesamt	44	42,3 %	29	74,4 %
	keine Kodierung	60	57,7 %	10	25,6 %
	Gesamt	104	100,0 %	39	100,0 %

Ein Problem entsteht, wenn kein Prescreening vorhanden ist. Wie bereits
erläutert ist diese Thematik bekannt, sodass bei Patientenaufnahmen außerhalb der üblichen Zeiten das Deckblatt der Patientenakte an das Ernährungsteam geleitet wird. Im betrachteten Kollektiv war dies für 15 Patienten der
Fall. Für acht dieser Patienten konnte ein Hauptscreening durchgeführt werden

(vgl. Anh. 8). Von diesen erreichten fünf einen NRS-Score ≥ 3. Bei vier der acht Patienten lag eine Mangelernährung vor, die kodiert wurde, und drei der Patienten wiesen einen abnormen Gewichtsverlust auf.

Im Rahmen dieser Untersuchung wurden auch diejenigen Patienten mittels Hauptscreening untersucht, für die weder ein Prescreening noch ein Deckblatt vorhanden war. Vier der 15 Patienten waren jedoch bereits wieder entlassen worden (vgl. Anh. 8). Von den verbleibenden elf Patienten zeigten acht einen NRS-Score ≥ 3. Insgesamt wurde für sechs von ihnen eine E43 oder E44 dokumentiert und für vier ein abnormer Gewichtsverlust.

Insgesamt hatten somit 44 der von der Untersucherin gescreenten Patienten einen NRS-Score ≥ 3 (vgl. Anh. 12) und für insgesamt 49 wurde die Nebendiagnose einer Mangelernährung kodiert (vgl. Anh. 13). Darüber hinaus wurde für vier Patienten die Kodierung einer Kachexie und für acht ein abnormer Gewichtsverlust dokumentiert. Wie bereits angedeutet sollten zur Bewertung der Validität des Prescreenings jedoch nur die Daten der Patienten mit einem vorhandenen Prescreening verwendet werden, da die Ergebnisse derer ohne ein solches zwar ebenfalls klinisch relevant sind, jedoch nicht für die Bewertung des Screening-Verfahrens.

4.3 Faktoren der Mangelernährung

4.3.1 Parameter des Prescreenings

Als Grundlage zur Erarbeitung von Handlungsempfehlungen sollte die Assoziation der Items im Prescreening mit dem Vorliegen eines Mangelernährungsrisikos beziehungsweise des Risikos dafür evaluiert werden. Hierzu wurden die Zusammenhänge der Antworten im Prescreening mit dem NRS-Score und der Kodierung einer Mangelernährung als Nebendiagnose analysiert. Zu diesem Zweck wurden Kontingenztabellen berechnet, welche im Anhang der vorliegenden Arbeit zu finden sind (Anh. 14 bis Anh. 23). Tab. 13 gibt einen Überblick über die statistische Signifikanz der Zusammenhänge.

Tab. 13: Assoziationen der Antworten im Prescreening mit Mangelernährung
(Eigene Darstellung)

	NRS-Score ≥ 3	Kodierung E-Ziffer
ungewollter Gewichtsverlust	✓ p = 0,000 *hoch signifikant*	✓ p = 0,000 *hoch signifikant*
reduzierte Nahrungsaufnahme	✓ p = 0,016 *signifikant*	✓ p = 0,000 *hoch signifikant*
reduzierte Leistungsfähigkeit	✗ p = 0,139	✓ p = 0,006 *signifikant*
chronische Erkrankung	✓ p = 0,009 *signifikant*	✓ p = 0,011 *signifikant*
Nahrungsmittel-unverträglichkeit	✓ p = 0,011 *signifikant*	✓ p = 0,023 *signifikant*

Die Parameter ungewollter Gewichtsverlust, reduzierte Nahrungsaufnahme und chronische Erkrankung, die einen Teil des Prescreenings nach NRS darstellen, sind sowohl mit dem NRS-Score als auch mit der Kodierung einer E-Ziffer signifikant assoziiert. Der Parameter der reduzierten Leistungsfähigkeit, den das IKH zusätzlich erhebt, ist zwar mit der Kodierung einer Mangelernährung signifikant assoziiert, jedoch nicht mit einem Risiko für eine Mangelernährung nach dem NRS-Score. Wie bereits erwähnt wurden Prescreenings trotz einer Bejahung dieser Frage häufig als unauffällig klassifiziert. Es wurde daher zusätzlich überprüft, ob Patienten, die diese Frage positiv beantwortet und einen NRS-Score ≥ 3 und/oder die Kodierung einer E-Ziffer erhalten hatten, ohnehin anhand anderer Parameter auffällig geworden wären. Den genannten Kriterien entsprachen 19 Teilnehmer, von denen 18 auch durch andere Parameter wie reduzierte Nahrungsaufnahme, chronische Erkrankung, Alter, BMI und/oder anhand von Laborwerten auffällig geworden wären (vgl. Kap. 4.3.2). Zusätzlich wird im Prescreening des IKH erhoben, ob eine Nahrungsmittelunverträglichkeit vorliegt. Auch dieses Item ist signifikant assoziiert mit dem NRS-Score und der Kodierung einer Mangelernährung.

4.3.2 Weitere Parameter

Im Folgenden sollen weitere Einflussfaktoren der Mangelernährung betrachtet werden, die im Rahmen der Screenings erhoben wurden. Hierzu gibt Tab. 14 zunächst einen Überblick über die entsprechenden Parameter des Patientenkollektivs mit einer Unterscheidung nach dem NRS-Score. Sie werden in den nachfolgenden Kapiteln näher erläutert.

Tab. 14: Parameter des Patientenkollektivs nach NRS-Score
(Eigene Darstellung)

	Gesamt	NRS-Score < 3	NRS-Score ≥ 3	Signifikanz
Teilnehmer [n]	223	79 von 161	82 von 161	-
Alter [Jahre]	60 ± 17	57 ± 13	64 ± 19	p < 0,005*
Fachabteilung [n] (%) internistisch vs. chirurgisch	97 126 (43,5) (56,5)	24 55 (30,4) (69,6)	48 34 (58,5) (41,5)	p < 0,005**
Geschlecht [n] (%) männlich vs. weiblich	96 127 (43) (57)	37 42 (46,8) (53,2)	25 57 (30,5) (69,5)	p < 0,05**
BMI [kg/m²]	26,1 ± 6,6	28,8 ± 6,7	23,5 ± 5,3	p < 0,005*
CRP [mg/l]	14,1 ± 36,1	9,9 ± 33,2	18,2 ± 40,5	p = 0,923*
Gesamtprotein [g/l]	67,4 ± 5,4	69,1 ± 3,2	65,8 ± 5,8	p < 0,005*
Albumin [g/dl]	45 ± 5,4	47,2 ± 3,4	43,3 ± 6,0	p < 0,005*

* Mann-Whitney U-Test
** Chi²-Test nach Pearson

4.3.2.1 Alter

Wie bereits deutlich geworden ist, stellt das Alter als solches einen Risikofaktor für eine Mangelernährung dar, da es soziale, psychologische sowie physiologische Faktoren beinhaltet, die sich nachteilig auf den Ernährungszustand auswirken können. Auch in der vorliegenden Untersuchung weisen die älteren Patienten ein größeres Risiko für eine Mangelernährung auf. Abb. 13 veranschaulicht welchen NRS-Score die Patienten in den verschiedenen Altersklassen erreichen. Es ist deutlich zu erkennen, dass der Anteil an denen mit einem Risiko für eine Mangelernährung mit dem Alter ansteigt und anteilig mehr Patienten sogar Werte ≥ 5 erreichen.

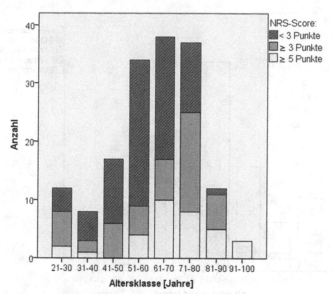

Abb. 13: Häufigkeit der NRS-Scores nach Alter
(Eigene Darstellung)

Die Assoziation des Mangelernährungsrisikos mit dem Alter ist hoch signifikant (p = 0,000) (vgl. Anh. 24). In diesem Zusammenhang muss jedoch bedacht werden, dass das Alter einen direkten Einfluss auf den NRS-Score nimmt. Dementsprechend sollte zusätzlich überprüft werden, ob die Assoziation des Alters mit dem Grad an Mangelernährung auch besteht, wenn das Alter selbst nicht in die Berechnung einfließt. Zur Analyse wurde der NRS-Score ohne den Zusatzpunkt für ein Alter über 70 Jahren verwendet, sodass er ausschließlich den tatsächlichen Ernährungszustand und den metabolischen Einfluss der Erkrankung berücksichtigt. Hierbei zeigte sich kein signifikanter Zusammenhang mehr (p = 0,718) (vgl. Anh. 25).

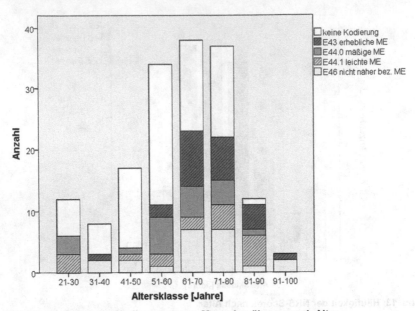

Abb. 14: Häufigkeit der Kodierungen von Mangelernährung nach Alter
(Eigene Darstellung)

Abb. 14 stellt die Häufigkeit der Kodierungen der E-Ziffern für die jeweiligen Altersklassen dar. Es ist zu erkennen, dass der Anteil an Patienten mit einer Mangelernährung als Nebendiagnose mit dem Alter ansteigt. In den beiden ältesten Klassen liegt der Anteil der Kodierung einer E-Ziffer bei fast 100 %. Diese Assoziation des Alters mit der Kodierung einer Mangelernährung als Nebendiagnose ist hochsignifikant (p = 0,000) (vgl. Anh. 26).

Das Alter spielt im Prescreening keine Rolle, ist jedoch signifikant assoziiert mit einer Mangelernährung. Dementsprechend wurde untersucht, welche Altersstruktur die Probanden aufwiesen, die anhand des Prescreenings als unauffällig eingestuft wurden. Abb. 15 veranschaulicht, für welchen Anteil der Patienten je Altersklasse eine Kodierung einer Mangelernährung vorgenommen wurde beziehungsweise welchen NRS-Score sie erreichten, obwohl sie als unauffällig klassifiziert worden waren. Hierbei ist deutlich erkennbar, dass der Anteil der mangelernährten Patienten ab der Altersklasse 71-80 deutlich ansteigt.

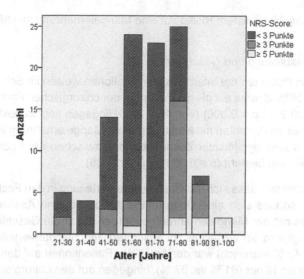

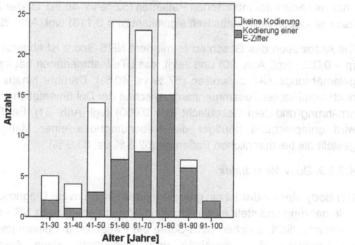

Abb. 15: Hauptscreening-Ergebnisse der Patienten mit unauffälligem Prescreening nach Alter

(Eigene Darstellung)

Im Kollektiv der unauffälligen Patienten über 70 Jahren, mit denen ein Hauptscreening durchgeführt werden konnte, wurde für 70 % eine Mangelernährung kodiert. Ein ebenso hoher Anteil hatte einen NRS-Score ≥ 3 und damit ein Risiko für eine solche. Wäre das Alter über 70 Jahren bereits ein Kriterium des Prescreenings gewesen, hätten 43 Patienten mehr gescreent werden müssen, um zusätzliche 26 mit einem Risiko auf eine Mangelernährung identifizieren zu können.

4.3.2.2 Fachabteilung und Geschlecht

Die befragten Patienten der internistischen Stationen weisen im Schnitt signifikant höhere NRS-Scores auf als die Patienten der chirurgischen Fachabteilung (66,7 % vs. 38,2 %; p = 0,000) (vgl. Anh. 27). Hingegen liegt in beiden Bereichen der Anteil an Patienten mit Kodierung einer Mangelernährung in etwa bei 50 %, sodass kein signifikanter Zusammenhang zwischen der Fachabteilung und der Kodierung besteht (p = 0,551) (vgl. Anh. 28).

Es fiel zunächst auf, dass sich die Geschlechterverteilung in den Fachgebieten unterschied, sodass sich eine Überprüfung anbot, ob eine Assoziation des Fachgebietes mit der Mangelernährung eventuell durch die Geschlechterverteilung bedingt wird. Im Verhältnis zur absoluten Geschlechterverteilung (57 % weiblich vs. 43 % männlich) war der Anteil der Patientinnen auf den internistischen Stationen höher (61 % vs. 37 %), hingegen auf den chirurgischen Stationen der Anteil der männlichen Patienten (52 % vs. 48 %). Dieser Zusammenhang ist jedoch nicht statistisch signifikant (p = 0,116) (vgl. Anh. 29).

Die Assoziation des Geschlechts mit dem NRS-Score ist ebenfalls signifikant (p = 0,033) (vgl. Anh. 30) und zeigt, dass Teilnehmerinnen häufiger ein Mangelernährungsrisiko aufweisen (57 % vs. 40 %). Darüber hinaus besteht ein hoch signifikanter Zusammenhang zwischen der Dokumentation einer Mangelernährung und dem Geschlecht (p = 0,000) (vgl. Anh. 31). Bei Patientinnen wird entsprechend häufiger die Nebendiagnose einer Mangelernährung gestellt als bei männlichen Patienten (62,6 % vs. 33,9 %).

4.3.2.3 Body Mass Index

Der Body Mass Index ist ein grundlegendes Kriterium zur Diagnose einer Mangelernährung und stellt einen Aspekt im Prescreening nach NRS dar. Abb. 16 veranschaulicht, welchen NRS-Score die Patienten mit einem jeweiligen BMI im Hauptscreening erreichten und verdeutlicht einen Zusammenhang zwischen BMI und NRS-Score.

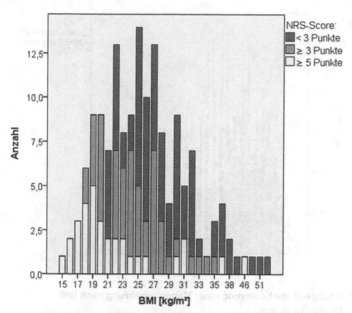

Abb. 16: Häufigkeit der NRS-Scores nach BMI
(Eigene Darstellung)

Abgesehen von einigen Ausnahmen erreichen vor allem Patienten mit einem niedrigen BMI hohe NRS-Scores. Dieser Zusammenhang ist statistisch hoch signifikant (p = 0,000) (vgl. Anh. 32 und Anh. 33). Es sind jedoch auch Übergewichtige und Adipöse von Mangelernährung betroffen: 9,9 % der Patienten mit einem NRS-Score ≥ 3 sind übergewichtig und 6,2 % adipös.

Ein ähnliches Bild zeigt sich bei der Abtragung der Kodierung einer Mangelernährung über den BMI (Abb. 17). Der Übersichtlichkeit halber wurde an dieser Stelle darauf verzichtet, die E-Ziffern zu unterscheiden. Jedoch ist auch hier die Anzahl der Patienten mit einer Mangelernährung in den niedrigen BMI-Klassen deutlich häufiger und dieser Zusammenhang ist ebenfalls hoch signifikant (p = 0,000) (vgl. Anh. 34). Nach NRS soll im Prescreening bereits erhoben werden, ob der BMI weniger als 20,5 kg/m² beträgt. Anhand der Grafiken wird deutlich, dass in diesem BMI-Bereich fast alle Patienten einen NRS-Score ≥ 3 erreichen und eine Kodierung für sie vorgenommen wird. Tatsächlich wurde für alle zwölf Patienten, die als unauffällig klassifiziert worden waren und die im Hauptscreening einen BMI kleiner 20,5 kg/m² aufwiesen, eine Kodierung vorgenommen und ein NRS-Score ≥ 3 festgestellt.

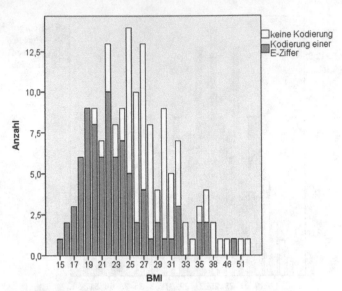

Abb. 17: Häufigkeit der Kodierung einer Mangelernährung nach BMI
(Eigene Darstellung)

4.3.2.4 Laborwerte

49 von 187 Patienten (26,2 %), bei denen das Gesamtprotein im Blut gemessen wurde, hatten einen Wert unter 66 g/l, der im IKH als unterer Grenzwert des Normbereichs gilt. Von ihnen wurde bei 39 von 40 Patienten, mit denen ein Hauptscreening durchgeführt wurde, eine Mangelernährung kodiert, wobei sie zum Teil aufgrund chirurgischer Eingriffe und teils wegen internistischer Leiden im Krankenhaus waren. Von den 40 Patienten wiesen wiederum 30 einen NRS-Score ≥ 3 auf. Sowohl der Zusammenhang des Gesamtproteins mit dem Mangelernährungsrisiko als auch mit der Kodierung einer E-Ziffer sind hoch signifikant ($p = 0,000$) (vgl. Anh. 35 und Anh. 36). Von den Patienten, die einen zu niedrigen Gesamtproteinwert aufwiesen, waren neun im Prescreening als unauffällig kategorisiert worden. Zwei von ihnen wären auch durch einen niedrigen BMI aufgefallen, und einer hatte angegeben, bereits seit zwei Wochen nur noch geringere Nahrungsmengen aufzunehmen. Zudem waren sechs dieser Patienten älter als 70 Jahre.

Von den Patienten, bei denen Albumin im Blut gemessen wurde, hatten 7 von 108 (6,5 %) einen Wert kleiner 34 g/dl, welcher im IKH den unteren Grenzwert darstellt. Gleichzeitig hatten sie fast alle erhöhte CRP-Werte und ein niedriges Gesamtprotein und waren alle aufgrund eines internistischen Leidens im Krankenhaus. Für die Teilnehmer eines Hauptscreenings wurde eine Kodierung einer Mangelernährung vorgenommen und für drei Patienten zusätzlich ein abnormer Gewichtsverlust dokumentiert. Bis auf einen Patienten erreichten alle einen NRS-Score von fünf bis sechs. Entsprechend war der Zusammenhang des Albuminwerts mit dem NRS-Score und dem Vorliegen einer Mangelernährung ebenfalls signifikant (p = 0,004; p = 0,006) (vgl. Anh. 35 und Anh. 36). Für einen der Patienten war kein Prescreening vorhanden, während alle verbleibenden sieben im Prescreening auffällig waren.

Der Entzündungsmarker C-reaktives Protein (CRP) weist natürlicher Weise eine hohe Schwankungsbreite auf und reicht im betrachteten Kollektiv von 0 bis 273 mg/l. Seine Assoziation mit dem Mangelernährungsrisiko und der Kodierung einer Mangelernährung ist im untersuchten Kollektiv nicht signifikant (p = 0,923; p = 0,936) (vgl. Anh. 35 und Anh. 36) und soll daher nicht weiter erläutert werden.

4.3.2.5 Erkrankungen

In einem letzten Schritt wurde ausgewertet, aufgrund welcher Hauptdiagnose die Patienten ins Krankenhaus gekommen waren und ob es auch hier eine Assoziation zur Mangelernährung gibt. Zu den häufigen Krankheitsbildern zählten onkologische und chronisch entzündliche Darmerkrankungen. Im gastroenterologischen Bereich waren außerdem eine Reihe von Patienten mit Motilitätsstörungen oder Refluxsymptomatiken anzutreffen. Der Eingriff einer Fundoplikatio sowie einer Cholezystektomie zählen zu den täglich durchgeführten Routineoperationen, daneben auch weitere, vergleichsweise kleinere Eingriffe wie Herniotomien und Polypektomien. Darüber hinaus werden regelmäßig auch umfangreiche Operationen wie Sigmaresektionen oder Hartmannrekonstruktionen vorgenommen. Einige Patienten wurden jedoch lediglich für reine Kontrolluntersuchungen wie Darmspiegelungen aufgenommen. In Folge des hohen Spezialisierungsgrads des Krankenhauses kommt es zudem nicht selten vor, dass Patienten mit einer langen und vielschichtigen Erkrankungsgeschichte aufgenommen werden, bei denen noch keine eindeutige Diagnose möglich war oder bei denen das grundlegende Erkrankungsbild kaum noch bestimmt werden kann. Aufgrund der im Vergleich zur Stichprobe hohen Vielzahl an Krankheitsbildern war eine sinnvolle statistische Auswertung nicht möglich. Es kann jedoch festgehalten werden, dass der NRS-Score von Patienten mit schweren, chronischen Erkrankungsbildern wie CED, Tumoren oder schweren Motilitätsstörungen tendenziell höher liegt als der von Patienten mit vergleichsweise unkomplizierten Symptomatiken wie Leistenhernien, Cholezystitis oder Refluxbeschwerden.

5 Diskussion

5.1 Validität der Untersuchung

Um die Ergebnisse der statistischen Auswertung zu validieren, soll im Folgenden ein Abgleich mit bisherigen Untersuchungen zur Prävalenz von Mangelernährung im klinischen Setting vorgenommen werden. Für den Vergleich wurden Studien in Deutschland beziehungsweise West-Europa bevorzugt sowie Studien, die das Mangelernährungsrisiko anhand des NRS erfasst haben. Die zentralen Parameter und Ergebnisse der Vergleichsstudien sind in Tab. 15 (s. Seite 54) zusammenfassend dargestellt.

5.1.1 Studien zur Erhebung des Mangelernährungsrisikos

Das Design und die Ergebnisse der Untersuchung im IKH sind in Kap. 3 und 4 der vorliegenden Arbeit erläutert. Bezogen auf das Kollektiv, mit dem ein Hauptscreening durchgeführt werden konnte, lag die Prävalenz der Patienten mit einem Mangelernährungsrisiko bei 51 % (NRS-Score ≥ 3). Der häufigste Grund in Fällen eines fehlenden Hauptscreenings war, dass die Patienten bereits entlassen waren, wobei davon auszugehen ist, dass es sich hierbei zum Großteil um solche handelt, die für unkomplizierte Eingriffe oder Kontrolltermine aufgenommen wurden und ein verhältnismäßig geringes Risiko für eine Mangelernährung aufweisen. Dementsprechend ist anzunehmen, dass die tatsächliche Prävalenz geringer ist. Bezogen auf das Gesamtkollektiv beträgt sie 39 %, sodass der reale Anteil an Patienten mit Mangelernährungsrisiko im IKH zwischen 39 und 51 % liegt.

Die *German hospital malnutrition Study* von Pirlich und Kollegen (2006) war die erste groß angelegte Studie zur Erhebung von krankheitsbedingter Mangelernährung und zur Identifikation von entsprechenden Einflussfaktoren in deutschen Krankenhäusern. Die prospektive Multicenterstudie umfasst 1.886 Probanden aus 12 deutschen und einem österreichischen Krankenhaus mit unterschiedlichen Settings und Spezialisierungen. Die Erhebung erfolgte in den Jahren 2000 bis 2003, sodass der NRS noch nicht zur Verfügung stand und zur Untersuchung des Ernährungsstatus das SGA verwendet wurde. Zur Minimierung interindividueller Unterschiede in der Bewertung nahmen alle Untersucher vor Beginn an einem Training teil. Eingeschlossen wurden ausschließlich Patienten mit einem Krankenhausaufenthalt von mehr als zwei Tagen. Der Großteil der Patienten wies maligne Erkrankungen oder benigne Störungen des GIT auf. Die Erhebung erfolgte am Tag der Krankenhausaufnahme

© Springer Fachmedien Wiesbaden GmbH, ein Teil von Springer Nature 2019
K. Gewecke, *Prescreening auf Mangelernährung in der Klinik*, Forschungsreihe der FH Münster, https://doi.org/10.1007/978-3-658-27476-4_5

und umfasste auch anthropometrische Messungen. Das Gewicht wurde mit Hilfe einer elektronischen Waage und die Größe mit einem portablen Stadiometer erfasst. Nach Definition der WHO waren lediglich 4,1 % mangelernährt (BMI < 18,5 kg/m²) und etwa ein Drittel der Patienten war sogar übergewichtig (36,5 % mit BMI > 25 kg/m²). Nach SGA wiesen jedoch 27,4 % der Patienten eine Mangelernährung auf (17,6 % SGA B und 9,8 % SGA C), wobei der Anteil mit dem Alter deutlich zunahm und die Prävalenz bei den über 70-jährigen bei 43 % lag. Die Erhebung identifizierte höheres Alter, Polymedikation und maligne Erkrankungen als die wichtigsten signifikanten Einflussfaktoren auf den Ernährungsstatus und ermittelte die höchsten Prävalenzen in der Geriatrie, Onkologie und Gastroenterologie (vgl. Kap. 2.3.1).

In einer weiteren Studie haben es sich Rosenbaum und Kollegen (2007) zur Aufgabe gemacht, die Prävalenz der Mangelernährung in deutschen Kliniken und dabei speziell im internistischen Bereich zu erheben. Sie untersuchten über 14 Monate 1.308 konsekutive Patienten, die mit internistisch-gastroenterologischen Erkrankungsbildern für voraussichtlich mindestens zwei Tage in das ausgewählte Maximalkrankenhaus aufgenommen wurden. Der Ernährungsstatus der Patienten wurde von einer speziell ausgebildeten Pflegekraft unter anderem anhand des SGA erfasst. Die anthropometrischen Daten Körpergröße und -gewicht wurden von der Untersucherin gemessen. Im Gesamtkollektiv lag der Anteil an mangelernährten Patienten bei 23,6 %. Unter den Patienten mit malignen Erkrankungen lag der Anteil bei 53,3 %, wobei am häufigsten solche mit Tumoren im Magen-Darm-Trakt betroffen waren. Von denen mit benignen Erkrankungen waren 15,8 % mangelernährt und von diesen wiederum am häufigsten CED-Patienten. Neben der Erhebung der Prävalenz der Mangelernährung während des Klinikaufenthalts beobachteten die Autoren die Mangelernährten noch für weitere 16 Wochen nach der Entlassung. In dieser Zeit wurde die im Krankenhaus festgelegte Ernährungstherapie fortgeführt. Obwohl die Verlaufserhebung methodisch einfach war, weist sie darauf hin, dass die ernährungsmedizinische Intervention auch über die Dauer des Krankenhausaufenthalts hinweg wirksam war.

Konturek und Kollegen (2015) lieferten im weiteren Verlauf schließlich Daten zur Mangelernährung in deutschen Krankenhäusern anhand des SGA und des NRS. Sie schlossen über einen Zeitraum von einem Jahr 815 konsekutive Patienten in ihre Studie ein, die am Universitätsklinikum in Erlangen-Nürnberg aufgenommen wurden. Die Aufenthaltsdauer der Patienten war kein Ausschlusskriterium. Die Erhebung wurde von einer trainierten Ernährungswissenschaftlerin vorgenommen, die zusätzlich die Kalorienaufnahme inklusive enteraler oder parenteraler Ernährung dokumentierte. Darüber hinaus wurden auch eine ganze Reihe klinischer Parameter sowie Laborwerte gesammelt. Nach dem SGA lag die Prävalenz der Mangelernährung etwas über der Hälfte der Patienten (35,2 % SGA B und 18,3 % SGA C), wohingegen nach NRS 44,6 % ein Risiko für eine Mangelernährung aufwiesen. Für die unterschiedlich hohen Prävalenzen geben die Autoren keinerlei Gründe oder Vermutungen an. Auch hier waren maßgeblich onkologische Patienten betroffen sowie Patienten mit Nieren- oder gastroenterologischen Erkrankungen. Zudem stellte sich ein höheres Alter als signifikanter Risikofaktor heraus. Im Schnitt nahmen die Patienten über die orale Ernährung lediglich 760 kcal pro Tag auf, sodass bei vielen von einer Verschlechterung des Ernährungsstatus während des Aufenthalts auszugehen ist, sofern sie keine Intervention erhalten. Ferner zeigten sich bei den mangelernährten Patienten signifikant geringere Werte für Gesamtprotein und Albumin sowie höhere Werte für den Entzündungsparameter CRP und insgesamt schlechtere klinische Parameter. Die Autoren stellten zudem fest, dass die Krankenhausverweildauer bei gut ernährten Patienten signifikant kürzer war als bei mangelernährten (4,0 ± 4,2 Tage vs. 7,8 ± 7,7 Tage).

Die bisher größte Multicenter-Studie führten Sorensen et al. (2008) in insgesamt 26 verschiedenen Krankenhausabteilungen in 12 Ländern in Europa und dem mittleren Osten durch. Der Großteil der Abteilungen gehörte dabei universitären Kliniken an und die meisten Patienten kamen aus den Abteilungen Chirurgie, Innere Medizin und Gastroenterologie. Auf diese Weise schlossen die Autoren 5.051 Patienten in ihre Studie ein, die anhand des NRS gescreent wurden. Ausgeschlossen wurden diejenigen, die nur einen Tag oder für eine Hämodialyse aufgenommen oder am selben Tag noch operiert wurden sowie Palliativpatienten. Vorab fand ein gemeinsames Training der lokalen Untersucher statt, um ein gemeinsames Verständnis der Abläufe und Screening-Methoden zu schaffen. Diese schulten wiederum das Personal vor Ort. Bei etwa einem Fünftel der Teilnehmer wurde das Körpergewicht geschätzt anstatt gewogen. 32,6 % wurden insgesamt anhand des NRS als Patienten mit einem Mangelernährungsrisiko identifiziert. Hierbei bestand eine große Varianz zwischen den einzelnen Abteilungen (13-100 %), die die Heterogenität der Patienten, Fachbereiche und Regionen widerspiegelt. Aufgrund des großen Stichprobenumfangs konnte eine Analyse durchgeführt werden, die sämtliche Störfaktoren klinischer Outcomes wie Alter, Geschlecht, Operationen und Malignität sowie Abteilung, Region, Diagnose und Komorbiditäten ausschließen konnte. Für die Patienten mit einem Risiko einer Mangelernährung ermittelten die Autoren eine signifikant längere Krankenhausverweildauer (9 vs. 6 Tage), höhere Komplikationsraten und eine erhöhte Mortalität, die demzufolge ausschließlich auf den Ernährungsstatus zurückzuführen sind.

Tab. 15: Übersicht der Parameter von Studien zur Erhebung von Mangelernährung
(Eigene Darstellung)

	IKH	Pirlich	Rosenbaum	Konturek	Sorensen	Tangvik
Jahr, Publikation	2018	2006	2007	2015	2008	2015
Ort	Deutschland	Deutschland	Deutschland	Deutschland	Europa	Norwegen
Teilnehmer [n]	161*	1.886	1.308	815	5.051	3.279
Alter [Jahre]	60 ± 17	62 ± 17	63 ± 15	62	59,8 ± 0,3	63
BMI [kg/m²]	26,1 ± 6,6	25,6 ± 5,0	25,6 ± 4,3	25,6	26 ± 0,1	25,3
Geschlecht m/w [%]	43 / 57	48 / 52	51 / 49	64 / 36	53 / 47	50 / 50
Art der Klinik	Schwerpunkt	Multicenter	Allgemein	Universitär	Multicenter	Universitär
Fachabteilung	internistisch	gemischt	internistisch	gemischt	gemischt	gemischt
Erhebungstools	NRS	SGA	SGA	NRS, SGA	NRS	NRS
BMI < 18,5 kg/m²	7,3 %	4,1 %	-	-	-	-
Risiko nach NRS	51,3 %*	-	-	44,6 %	32,6 %	29 %
Mangelernährt (SGA B+C)		27,4 %	23,6 %	53,6 %	-	-

* Ausschließlich bezogen auf Anzahl der Patienten mit denen sowohl ein Pre- als auch ein Hauptscreening durchgeführt wurde

Tangvik und Kollegen (2015) führten an einem norwegischen Universitätsklinikum wiederholte Querschnittstudien durch, um die Prävalenz der Mangelernährung mit Hilfe des NRS einzuschätzen. Die Erhebung wurde alle drei Monate wiederholt und insgesamt acht Mal durchgeführt, wobei die erste Erhebung nur in einem Teilkollektiv vorgenommen wurde. Die Durchführung der Screenings erfolgte durch das Pflegepersonal. Ausschlusskriterien waren ein Alter < 18 Jahre, bariatrische Chirurgie, palliative Fälle sowie Patienten ohne norwegische Staatsbürgerschaft. Insgesamt konnten 3.279 Patienten vollständig gescreent werden, von denen 29 % ein Risiko einer Mangelernährung aufwiesen. Mit dem Alter stieg das Risiko einer Mangelernährung an, sodass die Prävalenz bei den über 80-jährigen bei 40 % lag. Darüber hinaus identifizierten die Autoren einen geringeren BMI und Multimorbidität als Risikofaktoren. In Bezug auf die Diagnose wiesen in dieser Studie Patienten mit infektiösen Erkrankungen, Tumoren oder Lungenerkrankungen die höchste Prävalenz auf. Insgesamt hatte ein Drittel der Patienten mit einer Erkrankung des Verdauungssystems ein Mangelernährungsrisiko, wobei die Prävalenz bei solchen mit CED am höchsten war. Darüber hinaus war die Prävalenz in den medizinischen Abteilungen mit 32 % signifikant höher als in den chirurgischen mit 26 %.

Felder und Kollegen (2016) analysierten in ihrer sekundären Beobachtungs-studie den Zusammenhang des Mangelernährungsrisikos von Kranken-hauspatienten (anhand NRS) mit klinischen Laborparametern. Sie werteten die Daten von 529 Patienten aus, die innerhalb eines halben Jahres über die Not-aufnahme eines Schweizer Krankenhauses der Tertiärversorgung aufgenom-men wurden. Der NRS wurde dabei vom Pflegepersonal innerhalb der ersten 48 Stunden nach der Aufnahme durchgeführt. Initiale Laborparameter wurden der Krankenakte entnommen. Die Assoziation des NRS-Scores mit klinischen Laborparametern wurde in drei Gruppen ausgewertet (NRS-Score < 3, = 3 und > 3). Insgesamt wiesen 33,8 % der Patienten ein Mangelernährungsrisiko auf. Sie waren signifikant älter als die Patienten ohne Risiko und wiesen häufiger Tumor- und gastroenterologische, dafür seltener kardiovaskuläre Erkrankun-gen auf. Darüber hinaus beobachteten die Autoren bei den Risikopatienten unter anderem signifikant höhere CRP- und signifikant geringere Albuminwerte (s. Tab. 16). Das Gesamtprotein wurde nicht betrachtet. Die Assoziationen der Labormarker mit der Mangelernährung waren dabei stärker für eine akute (re-duzierte Nahrungsaufnahme in der letzten Woche) als eine chronische Man-gelernährung (reduzierter BMI, Gewichtsverlust). Dies ist insbesondere für die Entzündungsmarker gut nachvollziehbar, da diese bei chronisch Kranken zumeist moderat erhöht sind, in akuten Stadien jedoch stark ansteigen. Das multivariate Regressionsmodell zeigte darüber hinaus, dass der Entzündungs-marker CRP nach Korrektur der Confounder Erkrankungsschwere und Alter nicht mehr signifikant mit der Mangelernährung assoziiert war. Dies legt nahe, dass der CRP-Wert vielmehr durch die Erkrankung und das Alter und weniger durch die Mangelernährung selbst beeinflusst wird. Alles in allem kann die Stu-die keine Kausalität zwischen den Biomarkern und einer Mangelernährung zeigen, jedoch können die Erkenntnisse der frühzeitigen Erkennung von Risi-kopatienten dienen.

5.1.2 Vergleich der Ergebnisse

Das durchschnittliche Alter des untersuchten Patientenkollektivs im IKH ist ähnlich wie das der Probanden der genannten Vergleichsstudien. Die Stan-dardabweichung im beobachteten Kollektiv ist vergleichsweise etwas höher, was zum Teil aus dem geringeren Stichprobenumfang resultieren könnte. Auch der BMI fällt in den Wertebereich der Vergleichsstudien. Der Anteil weiblicher Teilnehmer im IKH ist im Vergleich etwas höher, was jedoch noch kein Ergeb-nis an sich darstellt, da er unter anderem abhängig vom Studiendesign ist.

Gemessen an den Studien, die ebenfalls den NRS zur Einschätzung des Risikos auf Mangelernährung nutzten, ist der Anteil an Patienten mit einem Mangelernährungsrisiko im IKH der höchste. Dies könnte darauf zurückzuführen sein, dass es sich bei den anderen Studien mit NRS-Screening um Erhebungen in verschiedenen Fachbereichen handelt, wohingegen das IKH ein Schwerpunktkrankenhaus darstellt, welches Patientengruppen mit vergleichsweise hoher Prävalenz an Mangelernährung (Gastroenterologie, Onkologie; vgl. Kap 2.1.3) behandelt. Darüber hinaus wurden die anthropometrischen Daten im IKH zum Großteil nicht gemessen, sondern beruhen auf Patientenangaben. Hier könnte es zu einer Unterschätzung des BMIs gekommen sein (vgl. Kap. 5.3.4).

Vergleicht man die Ergebnisse mit den weiteren Studien, stimmt die Erhebung im IKH mit der Studie von Konturek und Kollegen (2015), die die Mangelernährung anhand des SGA-Bogens erhoben haben, treffend überein. Der Anteil liegt jeweils knapp über 50 %, wobei Konturek et al. keine Äußerung dazu machen, dass der Anteil an Patienten mit einem Risiko für eine Mangelernährung nach NRS geringer ist als der mit einer bestehenden Mangelernährung nach SGA. Im Unterschied zu den beiden Studien, die ausschließlich den SGA-Bogen verwendet haben, liegt die Prävalenz der Mangelernährung im IKH hingegen etwa doppelt so hoch. Verglichen mit einer Studie von Pirlich und Kollegen (2006) ließe sich dies eventuell auf ein anderes Patientenklientel zurückführen, da es sich in diesem Falle um eine Multicenter-Studie mit unterschiedlichen Krankenhäusern handelt. Hingegen betrachteten Rosenbaum et al. (2007) ebenfalls ausschließlich Patienten mit internistischen Erkrankungen. Hier könnte jedoch der Spezialisierungsgrad des IKH eine Rolle spielen, da vermutlich vermehrt Patienten mit komplizierten und langen Erkrankungsgeschichten aufgenommen werden, die zudem häufig onkologische und gastroenterologische Diagnosen aufweisen. Überdies ist die Prävalenz der Mangelernährung bei den Frauen im IKH signifikant höher als bei den Männern (vgl. Kap 4.3.2.2 und Tab. 16). Da gleichzeitig im Verhältnis zu den anderen Studien mehr Frauen als Männer eingeschlossen wurden, führte es möglicherweise im Ergebnis zur einer höheren Gesamtprävalenz. Ein Vergleich mit der Studie von Konturek et al. (2015) zeigt dabei, dass sie sehr individuell sein kann. Sie hatten mehr Männer eingeschlossen und ermittelten für ihr Geschlecht eine höhere Prävalenz des Mangelernährungsrisikos. Wie bereits erwähnt beobachteten Sorensen et al. (2008) in ihrer Studie Prävalenzen, die je nach Abteilung, Spezialisierungsgrad und Region zwischen 13 und 100 % schwankten und bestätigen damit, dass das Auftreten von Mangelernährung stark variieren kann und offensichtlich von einer Reihe unterschiedlicher Faktoren abhängig ist. Unter Berücksichtigung aller Punkte kann die ermittelte Prävalenz durchaus als realistisch eingeschätzt werden. Weitere Aspekte hierzu werden im Kapitel 5.3.2 diskutiert.

Auch in weiteren Punkten lassen sich die Ergebnisse dieser Ausarbeitung mit denen der vorgestellten Studien vergleichen. Beispielsweise weisen im IKH 66,7 % der Patienten der Inneren Abteilung ein Mangelernährungsrisiko auf, verglichen mit 38,2 % der chirurgischen Stationen, und es besteht ein signifikanter Zusammenhang zwischen dem Mangelernährungsrisiko und der Fachabteilung (vgl. Anh. 27). Bei Pirlich et al. (2006) ist die Prävalenz auf der Chirurgie ebenfalls verhältnismäßig gering (13,6 %), und bei Tangvik et al. (2015) ist sie in den medizinischen Abteilungen ebenfalls signifikant höher als in chirurgischen (32 % vs. 26 %). Es ist zu vermuten, dass die internistischen Patienten häufiger unter Erkrankungen mit einem chronischen Verlauf leiden, die zu einer Einschränkung der Nahrungsaufnahme führen, mit katabolen Stoffwechselsituationen oder chronischen Entzündungsprozessen einhergehen oder in direkter Weise die Nahrungsverwertung einschränken können. Hingegen können sich in den chirurgischen Abteilungen auch vermehrt Patienten befinden, deren Symptomatik keine direkte Auswirkung auf die Nahrungsaufnahme, den Stoffwechsel oder die Resorption hat und die nur kurzfristige Karenzphasen einhalten müssen, sodass die Zahlen damit begründet werden können und realistisch erscheinen.

Tab. 16 liefert einen Überblick über weitere Charakteristika der Patienten in Abhängigkeit vom NRS-Score. Wie bereits im vierten Kapitel dargestellt steigt die Prävalenz des Mangelernährungsrisikos im IKH mit dem Alter an, sodass das durchschnittliche Alter der Patienten mit einem NRS-Score ≥ 3 signifikant höher ist als das derer mit einem NRS-Score < 3 (vgl. Anh. 24). Zu eben diesem Ergebnis kommen auch die genannten Vergleichsstudien. Konturek et al. (2015) und Tangvik et al. (2015) ermittelten ein durchschnittlich höheres Alter der Teilnehmer mit einem NRS-Score ≥ 3 im Vergleich zu denen mit einem niedrigeren Score beziehungsweise zum Gesamtkollektiv (vgl. Tab. 16). Letztere ermittelten außerdem eine vergleichsweise höhere Prävalenz des Mangelernährungsrisikos von 40 % im Kollektiv über 80 Jahren, ebenso wie Pirlich et al. (2006) einen höheren Anteil an Mangelernährten von 43 % bei den über 70-jährigen dokumentierten. Auch diese Ergebnisse sind nachvollziehbar und resultieren aus Faktoren wie mit dem Alter zunehmender Morbidität, eingeschränkter Resorption, nachlassendem Appetit, aber auch sozialen und psychischen Faktoren.

Tab. 16: Patientenparamter von Studien mit Erhebung
des Mangelernährungsrisikos mittels NRS
(Eigene Darstellung)

	NRS	IKH	Konturek, 2015	Tangvik, 2015	Felder, 2016
Alter [Jahre]	< 3	57 ± 13	60 ± 15	(63)[†]	69
	≥ 3	64 ± 19	65 ± 15	68	73
Frauen	< 3	42 %	56 %*	76 %	67 %
	≥ 3	58 %	44 %*	24 %	33 %
Männer	< 3	60 %	56 %*	79 %	66 %
	≥ 3	40 %	44 %*	21 %	34 %
BMI [kg/m²]	< 3	28,8 ± 6,7	27,5 ± 5,0	-	-
	≥ 3	23,5 ± 5,3	23,2 ± 4,7	21,4	-
CRP [mg/l]	< 3	9,9 ± 33,2*	27,6 ± 52,3	-	70,6
	≥ 3	18,2 ± 40,5*	49,3 ± 69,4	-	103,5°
Gesamtprotein [g/l]	< 3	69,1 ± 3,2	69,0 ± 7,6	-	-
	≥ 3	65,8 ± 5,8	64,4 ± 9,2	-	-
Albumin [g/l]	< 3	47,2 ± 3,4	39,8 ± 5,4	-	33,4
	≥ 3	43,3 ± 6,0	35 ± 7,2	-	28,9°

[†] Durchschnittsalter des Gesamtkollektivs
* kein signifikanter Unterschied
- keine Daten verfügbar
° im Kollektiv mit NRS-Score > 3

Darüber hinaus wird anhand der Vergleichsstudien noch einmal deutlich, dass der BMI nicht als alleiniges Merkmal zur Feststellung einer Mangelernährung ausreicht. Abgesehen davon, dass der Anteil an Patienten mit einem BMI unter 18,5 kg/m² jeweils um ein Vielfaches kleiner ist als der mit einer Mangelernährung (IKH 7,3 % vs. 51,6 % und Pirlich 4,1 % vs. 27,4 %), weisen auch Übergewichtige und Adipöse ein nicht zu vernachlässigendes Mangelernährungsrisiko auf. Tangvik et al. (2015) ermittelten, dass 12 % der Übergewichtigen und 11 % der Adipösen einen NRS-Score ≥ 3 aufweisen. Auch dies deckt sich im Grundsatz mit den Ergebnissen aus dem IKH, wo 9,9 % der Patienten mit Mangelernährungsrisiko übergewichtig und 6,2 % adipös waren.

Konturek (2015) sowie Felder et al. (2016) haben in ihrer Studie ebenfalls Laborparameter erhoben und ausgewertet. Sie kommen zu dem Ergebnis, dass sowohl der Entzündungsmarker CRP als auch die Parameter Gesamtprotein (ausschließlich von Konturek et al. ermittelt) und Albumin signifikant mit dem Risiko einer Mangelernährung assoziiert sind. Die durchschnittlichen Werte zum Gesamtprotein bei Konturek et al. sind dabei annähernd deckungsgleich mit denen des Kollektivs im IKH. In Bezug auf Albumin liegen die Werte in dem Schwerpunktkrankenhaus durchschnittlich höher als in beiden Vergleichsstudien, die Differenz zwischen den Patienten mit und ohne Risiko ist jedoch sehr ähnlich (s. Tab. 16). Sowohl Gesamtprotein als auch Albumin sind im IKH ebenfalls signifikant assoziiert mit dem NRS-Score (vgl. Anh. 35).

Bezogen auf den CRP-Wert liegen die Patienten im IKH deutlich niedriger im Vergleich zu den beiden anderen Studien, und zudem ist der Unterschied zwischen den Patienten mit und ohne Risiko deutlich geringer, sodass kein signifikanter Zusammenhang besteht (vgl. Anh. 35). Ein Grund hierfür könnte im Erhebungszeitpunkt liegen. Im IKH wurden die Laborwerte bei der Aufnahme erhoben, wobei der CRP-Wert im Verlauf deutlich ansteigen kann, beispielsweise nach Operationen oder bei Komplikationen. Konturek et al. machen keine Angabe zum Erfassungszeitpunkt. Felder et al. haben ebenfalls die initialen Laborwerte verwendet. Dabei muss berücksichtigt werden, dass es sich dort um Notaufnahmen handelt. Das heißt, es geht vermehrt um Patienten mit akuten Krankheitsbildern mit vergleichsweise höheren CRP-Werten. Insgesamt könnten die niedrigeren initialen CRP-Werte im IKH damit zu begründen sein, dass das Haus keine Notaufnahme hat und somit verhältnismäßig mehr chronisch kranke Patienten behandelt werden als in anderen Kliniken. Darüber hinaus weist der CRP-Wert eine sehr große Spannweite auf, sodass der Zusammenhang zur Mangelernährung möglicherweise erst mit größeren Stichproben signifikant wird, da Ausreißer dann statistisch nicht mehr so stark ins Gewicht fallen. Insgesamt stellen sich die Werte des IKH im Vergleich mit den anderen Studien und unter Berücksichtigung des Patienten-Klientels als realistisch und plausibel dar.

5.2   Validität des Prescreenings

Wie in Kapitel 4 dargestellt wies ein relevanter Anteil von etwa 35 % der Patienten, die im IKH nach dem Prescreening als unauffällig eingestuft worden waren, dennoch ein Risiko für eine Mangelernährung auf. Im Folgenden soll erörtert werden, welche Ursachen dies haben könnte und anhand welcher Merkmale sie frühzeitig hätten erkannt werden können. Um Schwachstellen des Screenings im IKH identifizieren und verstehen zu können, soll zunächst darauf eingegangen werden, wie valide das NRS selbst ist und welche Ergebnisse es im Vergleich mit anderen Tools und Verfahren liefert.

5.2.1 Nutritional Risk Screening

Grundlage der Screenings auf Mangelernährung im IKH ist das Nutritional Risk Screening 2002, welches evaluiert ist und von der ESPEN für den klinischen Bereich empfohlen wird. Problematisch bei der Validierung ist, dass es keinen Goldstandard oder eindeutigen Laborparameter zur Diagnosesicherung einer Mangelernährung gibt. Dementsprechend kann das Screening nur anhand weiterer Tools wie dem SGA oder MNA, gegenüber der Einschätzung professioneller Ernährungsfachkräfte oder anderen Assessment-Methoden wie anthropometrischen Messungen evaluiert werden (van Bokhorst-de Schueren M. A. E., et al., 2014).

Kyle et al. (2006) haben den NRS anhand des SGA an 995 erwachsenen Krankenhauspatienten evaluiert, die aufgrund medizinischer oder chirurgischer Ursachen aufgenommen wurden. Ausgeschlossen wurden Patienten mit Erkrankungen, die eine BIA-Messung nicht zuließen oder bei denen das Körpergewicht zum Beispiel aufgrund von Ödemen nicht aussagekräftig gewesen wäre. Die Screenings wurden von zwei Mitarbeitern des hauseigenen Ernährungsteams durchgeführt. Dabei zeigte der NRS eine Sensitivität von 62 %. Das heißt, 38 % der Patienten mit einem Mangelernährungsrisiko nach SGA identifizierte er nicht als solche (Falsch-Negativ-Rate). Die Spezifität hingegen war mit 93 % vergleichsweise hoch, sodass es Patienten ohne Mangelernährungsrisiko verlässlicher erkannte.

In einer kürzlich veröffentlichten Studie wurde der NRS durch ein umfassendes Ernährungsassessment anhand der Malnutrition Clinical Characteristics validiert (Hartz L. L. K., et al., 2018). Insgesamt wurden die Daten von 594 Patienten ausgewertet, die über ein dreiviertel Jahr in zwei Krankenhäuser aufgenommen wurden. Nicht eingeschlossen waren Patienten der Intensivstation, Schwangere und Personen unter 18 Jahren. Das Screening erfolgte innerhalb der ersten acht Stunden nach der Aufnahme durch Krankenschwestern und das Assessment innerhalb von 24 Stunden durch examinierte Ernährungsfachkräfte. Patienten, die kein Mangelernährungsrisiko nach dem Screening aufwiesen, wurden innerhalb von 5-7 Tagen erneut gescreent. Es zeigten sich eine Sensitivität des NRS von 63,5 % und eine Spezifität von 94,3 % und somit vergleichbare Werte wie bei Kyle et al. (2006). Insgesamt wurden 44,3 % der Patienten durch den NRS falsch eingestuft.

Zusammenfassend zeigen bisherige Studien eine Sensitivität des NRS von 50-86 %, sodass man davon ausgehen muss, dass 14-50 % der Risikopatienten nicht identifiziert werden. Die Spezifität schwankt je nach Erhebung sehr stark zwischen 21 und 93 %. Damit sind die für diese Untersuchung ermittelten

Testraten als realistisch zu bewerten. Zudem merken die Autoren an, dass der NRS insbesondere ältere Patienten mit einem Risiko für eine Mangelernährung nicht zuverlässig zu identifizieren scheint (Hartz L. L. K., et al., 2018; Kyle U. G., et al., 2006).

Christner und Kollegen (2016) haben diesen Aspekt genauer untersucht. Sie führten bei 201 geriatrischen Patienten (≥ 65 Jahre) im Krankenhaus sowohl den MNA als auch den NRS durch und unterschieden den NRS nochmals nach Prescreening und Hauptscreening. Sie stellten fest, dass 35 Patienten, die im Prescreening negativ erschienen, nach dem Hauptscreening ein Risiko aufwiesen. Insgesamt hatten laut Hauptscreening 167 Patienten ein Mangelernährungsrisiko, sodass die Falsch-Negativ-Rate für das Prescreening im Vergleich zum Hauptscreening bei 21 % lag. Dabei fiel den Autoren auf, dass alle Patienten mit einem falsch-negativen Ergebnis im Prescreening älter als 70 Jahre waren. Sie kommen zu dem Schluss, dass es ratsam sein könnte, die Frage nach einem Alter über 70 Jahren insbesondere auf geriatrischen Stationen bereits ins Prescreening zu integrieren.

5.2.2 Items des Prescreenings im IKH

Der Prescreening-Bogen wird im IKH in der Regel selbständig von den Patienten ausgefüllt. Daher ist es sinnvoll, dass er mit einer kurzen Einleitung beginnt, die dem Patienten die Vorteile seiner Beantwortung der Fragen erläutert. So kann die intrinsische Motivation für eine gewissenhafte Beantwortung gesteigert werden. Lediglich das Wort „Fehlernährung" im Text scheint eher unpassend, da es im Screening ausschließlich um die Identifizierung eines Mangelernährungsrisikos geht. Wie bereits erwähnt, ähnelt sich das Prescreening im IKH dem Vorscreening des NRS, ist jedoch nicht identisch. Daher soll an dieser Stelle noch einmal auf die einzelnen Items des IKH-Fragebogens eingegangen werden.

Im Prescreening des IKH wird die Frage nach einem Gewichtsverlust gegenüber dem NRS bezüglich des Aspekts des *ungewollten* Gewichtsverlusts spezifiziert. Dadurch wird ein Auffallen von Patienten, die im Rahmen einer gezielten Ernährungsumstellung oder Diät gewollt Gewicht reduziert haben, verhindert. Zwar ist das Kriterium des *ungewollten* Gewichtsverlusts wichtig für die Diagnosestellung einer krankheitsassoziierten Mangelernährung, dennoch sollte beachtet werden, dass diese Patienten durch die Gewichtsreduktion ein höheres Mangelernährungsrisiko aufweisen könnten. Zudem könnten einige ihren Gewichtsverlust auch als wünschenswert und daher als gewollt bewerten, auch wenn dieser nicht gezielt angestrebt wurde. Demnach wäre es sinnvoll, die Spezifizierung zu streichen. Ein Patient wurde als unauffällig klassifiziert, obwohl die Frage nach dem Gewichtsverlust mit *Ja* beantwortet wurde (vgl. Tab. 9). Dieser Patient hatte ebenfalls angegeben, weniger Nahrung zu sich zu nehmen und unter einer chronischen Erkrankung zu leiden, weshalb von einem Versehen ausgegangen wird, bei dem der Patient falsch kategorisiert wurde.

Die Frage zur verminderten Nahrungsaufnahme bezieht sich im IKH auf die letzten zwei Wochen, im NRS hingegen wird nur nach der letzten gefragt. Zwar sind die Patienten im IKH häufig schon länger chronisch krank, sodass die Aufnahme einer geringeren Nahrungsmenge über zwei Wochen nicht ungewöhnlich wäre, jedoch reicht definitionsgemäß bereits eine Nahrungskarenz von sieben Tagen aus, um eine krankheitsspezifische Mangelernährung zu diagnostizieren (Valentini L., et al., 2013). Zudem würden auch Patienten mit eher akutem Verlauf besser erfasst, wenn ausschließlich die vergangene Woche berücksichtigt würde. Neben dem bereits im vorigen Abschnitt genannten Patienten wurden sechs weitere als unauffällig gekennzeichnet, obwohl sie angegeben hatten, weniger Nahrung zu sich genommen zu haben. Aus den vorliegenden Daten kann kein konkreter Grund hierfür abgeleitet werden, zumal alle auch eine geminderte Leistungsfähigkeit angegeben hatten und zwei nach eigenen Angaben außerdem unter einer chronischen Erkrankung litten.

Die Frage zur verminderten Leistungsfähigkeit im Prescreening des IKH stellt einen Zusatz zu den Fragen des NRS dar. Dabei könnte eine geminderte Leistungsfähigkeit beispielsweise auf einen Proteinmangel hinweisen. Der Begriff ist jedoch relativ unspezifisch und bedürfte einer Erläuterung für den Patienten. Gleichzeitig ist der Parameter schwer messbar und sehr subjektiv. Es kommt hinzu, dass dieses Item offensichtlich nicht in die Auswertung einbezogen wird: 39 Patienten wurden als unauffällig klassifiziert, obwohl sie die Frage mit *Ja* beantwortet hatten. Dementsprechend scheint die Frage nach Einschätzung der Fachkräfte keine Aussagekraft zu haben. Von den 18 Patienten, welche die Frage zur Leistungsfähigkeit bejaht haben, die im Prescreening unauffällig, aber tatsächlich risikobehaftet waren, wären 16 auch anhand ihres Alters, BMI, einer anderen Frage des Prescreenings oder eines Laborwerts aufgefallen. Darüber hinaus besteht keine signifikante Assoziation der Angabe zur Leistungsfähigkeit mit dem NRS-Score, sodass die Frage keinen reellen Nutzen bringt.

Im NRS ist der Begriff *schwere Erkrankung* zu unspezifisch, um einheitlich angewandt werden zu können. Die Frage, ob eine schwere Erkrankung vorliegt, ist vermutlich deshalb im Fragebogen des IKH modifiziert worden. Hier wird nach einer schweren, chronischen Erkrankung an Bauchspeicheldrüse, Darm, Herz, Lunge, Leber oder Niere beziehungsweise einer Tumorerkrankung gefragt. Diese Erläuterung ist hilfreich, da der Fragebogen im IKH selbständig von den Patienten beantwortet wird und ihnen so eine Orientierung bietet. Insgesamt wurden 31 der Prescreening-Bögen, bei denen die Frage zur chronischen Erkrankung mit *Ja* beantwortet wurde, aussortiert. Dies kann verschiedene Gründe haben. Trotz der Erläuterung kreuzen manchmal zum Beispiel Diabetes mellitus Typ 2-Patienten *Ja* an, obwohl diese Erkrankung an sich kein Risiko einer Mangelernährung darstellt. Teilweise notieren die Patienten dies direkt neben die Frage. Abgesehen davon ruft das Ernährungsteam vor dem Patientenbesuch auf Station zunächst die Akte im Informationssystem auf und kann dort sehen, ob tatsächlich eine schwerwiegende Erkrankung vorliegt. Manchmal kommt es auch vor, dass Patienten zwar beispielsweise eine Tumorerkrankung in der Vorgeschichte haben und deshalb *Ja* angeben, aktuell aber ausschließlich für eine Verlaufsuntersuchung im Krankenhaus sind. Wenn in solchen Fällen alle weiteren Faktoren unauffällig sind, wird der Patient nicht weiter gescreent.

Im Prescreening des IKH wird zusätzlich erfasst, ob der Patient eine Nahrungsmittelunverträglichkeit aufweist und gegebenenfalls welche. Dies hat keine zwingende Relevanz für den Ernährungsstatus an sich, dient jedoch der Sicherstellung einer optimalen Versorgung der Patienten vor Ort. Gibt jemand beispielsweise eine Laktoseintoleranz an und alle weiteren Parameter sind unauffällig, wird das Ernährungsteam den Patienten in der Regel nicht aufsuchen. Verhältnismäßig häufige und bekannte Unverträglichkeiten wie diese können von den Pflegekräften bei der Speisenauswahl angegeben werden, und das Küchenpersonal berücksichtigt die Anforderung dann entsprechend im individuellen Speiseplan. Gibt der Patient jedoch mehrere Unverträglichkeiten, Allergien oder andere spezielle Anforderungen an, kann das Ernährungsteam den Patienten aufsuchen und einen detaillierten Plan erstellen, der dann noch einmal mit der Küche abgestimmt wird. So wird sichergestellt, dass alle Patienten trotz spezieller Bedürfnisse ausreichend versorgt werden, und gleichzeitig kann sich auf diese Weise der Rücklauf nicht verzehrter Speisen reduzieren.

5.2.3 Merkmale unauffälliger Patienten im IKH mit Mangelernährungsrisiko

Neben den Items des Prescreenings selbst wurden weitere Parameter der Patienten betrachtet, um Faktoren zu identifizieren, die schlüssig auf ein Mangelernährungsrisiko hätten hinweisen können. Wie bereits erwähnt kann zu dem Einfluss einzelner Erkrankungen auf Grundlage dieser Erhebung keine

treffende Aussage gemacht werden. Zwar waren Patienten mit bestimmten Erkrankungsbildern teilweise häufiger betroffen als andere, es zeigten sich
jedoch wiederum keine Erkrankungen, die bei allen Betroffenen mit einer Mangelernährung einhergingen. Zudem wird im Prescreening ohnehin nach schweren Erkrankungen gefragt und dieser Aspekt dadurch miteinbezogen. Auch die
Assoziationen zwischen dem Fachbereich beziehungsweise dem Geschlecht
und dem Mangelernährungsrisiko bieten keinen Ansatzpunkt, um bereits im
Prescreening Patienten auszuschließen zu können. Zwar weisen die der internistischen Abteilungen höhere NRS-Scores auf, die Diagnose der Mangelernährung ist jedoch in beiden Bereichen gleich hoch. Dies könnte sich darauf
zurückführen lassen, dass die internistischen Patienten verhältnismäßig häufiger chronisch krank sind und dementsprechend höhere Scores für die Erkrankungsschwere erhalten. Beim Geschlecht könnte sich die verhältnismäßig
häufigere Dokumentation der Mangelernährung bei Frauen auch darauf
zurückführen lassen, dass sie durchschnittlich einen geringeren BMI aufweisen
(Destatis, 2018), die BMI-Tabelle zur Diagnosestellung jedoch nicht
geschlechtsspezifisch ist. Die Parameter Alter, BMI und Laborwerte sollen im
Folgenden genauer betrachtet werden.

Durch die im Alter steigende Morbidität werden durchschnittlich mehr Medikamente eingenommen. Als Folge davon können unter anderem der Appetit, die
Nahrungsaufnahme und Nährstoffresorption eingeschränkt sein, sodass das
Risiko einer Mangelernährung gesteigert ist (Tangvik R. J., et al., 2015). Dementsprechend überrascht es nicht, dass ein signifikanter Zusammenhang zwischen dem Mangelernährungsrisiko und dem Alter besteht (vgl. Kap. 4.3.2.1).
Zwar scheint der Ernährungsstatus der älteren Patienten aktuell noch relativ
gut zu sein – da kein signifikanter Zusammenhang besteht, wenn der zusätzliche Punkt für das Alter über 70 Jahre aus dem NRS-Score herausgerechnet
wird – dennoch ist das Risiko eine Mangelernährung zu entwickeln erhöht.
Genau diesem Aspekt wird im Hauptscreening nach NRS Rechnung getragen,
indem das Alter im Score berücksichtigt wird. Im Prescreening kommt dieser
Faktor jedoch nicht zum Tragen. Nicht zuletzt deshalb bestehen andere Tools,
die für geriatrische Abteilungen, Pflegeheime und ähnliche Einrichtungen empfohlen werden. Wie in der Studie von Christner et al. (2016) zeigt sich auch in
der vorliegenden Erhebung, dass ältere Patienten mit Mangelernährungsrisiko
nur unzureichend gut durch das Prescreening nach NRS erkannt werden. Wie
bereits angegeben, waren 26 und damit 70 % der 37 Patienten, die als unauffällig galten, jedoch einen NRS-Score ≥ 3 aufwiesen, älter als 70 Jahre.

Im NRS-Vorscreening soll erfasst werden, ob der BMI des Patienten unter 20,5
kg/m² liegt. Zwar kann der BMI nicht als alleiniger Marker zur Diagnose einer

Mangelernährung herangezogen werden, dennoch steigt die Wahrscheinlichkeit mit sinkendem BMI deutlich an. Dieser Aspekt wird im Prescreening des IKH allerdings nicht berücksichtigt, obwohl die Erhebung zeigt, dass alle Patienten mit einem BMI kleiner 20,5 kg/m², die als unauffällig eingestuft und vollständig gescreent wurden, tatsächlich einen NRS-Score $\geq$ 3 aufweisen. Zwar erhebt das IKH den Gewichtsverlust und lässt in diesem Zusammenhang vom Patienten das Gewicht und die Größe angeben, jedoch werden diejenigen, die schon vor den letzten drei Monaten Gewicht verloren haben und eventuell schon lange untergewichtig sind, nicht erkannt. Wäre der BMI generell mit erhoben worden, hätten zwölf zusätzliche Patienten mittels Hauptscreening bewertet werden müssen, und diese wiesen alle einen NRS-Score $\geq$ 3 auf.

Der Entzündungswert CRP ist ebenso wie das Protein Albumin und das Gesamtprotein in Studien signifikant mit einem Mangelernährungsrisiko assoziiert (Felder S., et al., 2016; Konturek P. C., et al., 2015). Leider sind die entsprechenden Laborwerte nur für einen Teil der Patienten verfügbar. Da in dieser Ausarbeitung die CRP-Werte nicht mit dem Mangelernährungsrisiko assoziiert waren und zudem individuell stark schwanken, sollten sie im Prescreening eher keine Beachtung finden. Bei Grenzfällen könnte ein hoher CRP-Wert jedoch den Ausschlag für eine genauere Beurteilung eines Patienten geben, da der Entzündungsmarker ein Hinweis auf akuten Proteinkatabolismus ist. Diejenigen mit niedrigen Albuminwerten waren ohnehin bereits im Prescreening auffällig geworden, sodass auch hier eine Integration des Werts nicht zwingend notwendig erscheint. Zudem wird er im IKH nur bei internistischen Patienten standardmäßig erhoben, wobei er im untersuchten Kollektiv auch für diese Fälle nicht durchgängig dokumentiert war. Der Wert des Gesamtproteins war bei insgesamt 16 der unauffälligen Patienten, mit denen ein Hauptscreening durchgeführt wurde, unter dem Grenzwert. Neun dieser Patienten hatten einen NRS-Score $\geq$ 3. Daher könnte es sinnvoll sein, den Laborwert Gesamtprotein im Prescreening zu berücksichtigen.

Wären die Parameter Alter > 70 Jahre, BMI < 20,5 kg/m² und Gesamtprotein < 66 mit in das Prescreening eingeflossen, wären von den im Hauptscreening untersuchten Patienten insgesamt 49 weitere aufgefallen. Von diesen hatten 34 ein Risiko einer Mangelernährung, wobei 26 von ihnen anhand des Alters, zwölf anhand des BMIs und neun aufgrund eines niedrigen Laborwerts des Gesamtproteins hätten erkannt werden können. Auf einige Patienten treffen jedoch auch mehrere Parameter zu, sodass beispielsweise durch die Integration der Parameter Alter und BMI bereits 32 der 34 erfasst worden wären. Die zwei weiteren Patienten mit Mangelernährungsrisiko identifiziert demzufolge ausschließlich der Laborwert. Tab. 17 stellt eine Übersicht dar, welche entsprechenden Testraten vorgelegen hätten, wenn die einzelnen Parameter beziehungsweise eine Kombination von zweien oder allen dreien im Prescreening berücksichtigt worden wären. Insgesamt wäre durch die Integration von Alter und BMI der geringste Anteil an Patienten vom Prescreening in Bezug auf das Hauptscreening falsch bewertet worden (15,4 %). Somit hätte die Rate der insgesamt falsch bewerteten Patienten von 30,1 % knapp halbiert werden können. Gleichzeitig kann insbesondere die Falsch-Negativ-Rate um ein Vielfaches von 52,8 % auf 7,1 % reduziert werden. Über die Integration des Wertes vom Gesamtprotein wäre noch eine weitere Reduktion der Falsch-Negativ-Rate möglich, wohingegen die Falsch-Positiv-Rate und somit die Anzahl der insgesamt falsch eingeschätzten Patienten weiter ansteigen würde. Unter dem Gesichtspunkt, dass der Laborwert ohnehin nicht für jeden Patienten direkt zu Beginn der Aufnahme zur Verfügung steht und es einen weiteren Aufwand darstellt, diesen im Patienteninformationssystem nachzuschauen, erscheint es sinnvoll sich auf das Alter und den BMI als zusätzliche Parameter zu beschränken.

Tab. 17: Modellierung der Testraten durch zusätzliche Parameter im Prescreening
(Eigene Darstellung)

	zusätzliche Anzahl auffällig im PS				zusätzliche Anzahl NRS ≥ 3			
Alter	37	43			26	32		
BMI	12		26	49	12		19	34
Gesamtprotein	16				9			

	Falsch-Negativ-Rate [%]			Falsch-Positiv-Rate [%]			gesamt falsch [%]		
Aktuell	52,8			8,2			30,1		
Alter	15,7	7,1		23,3	23,3			15,4	
BMI	35,7		25,7	8,2		17,8	28,8		21,7	16,8
Gesamtprotein	40,0			17,8					

5.3 Praktische Aspekte der Screening-Durchführung

Neben den Screening-Instrumenten selbst haben auch praktische Aspekte der Durchführung einen Einfluss auf die Qualität der Mangelernährungs-Screenings. Hier sind insbesondere fünf Punkte aufgefallen, die im IKH noch Verbesserungspotenzial aufweisen. Sie werden im Folgenden kurz erläutert und Lösungsansätze diskutiert.

5.3.1 Zeitnahe Umsetzung

Insgesamt konnten von den 212 Patienten nur 161 und somit drei Viertel von ihnen vollständig gescreent werden. Wie bereits erläutert, war der Hauptgrund, dass sie zum Zeitpunkt, zu dem das Hauptscreening durchgeführt werden sollte, bereits entlassen waren. Insbesondere für die Patienten mit unauffälligem Prescreening-Ergebnis lässt sich dies zu Teilen damit erklären, dass sie vermehrt für Kontrollen oder unkomplizierte Eingriffe aufgenommen und direkt am nächsten Tag wieder entlassen wurden. Es ist jedoch aufgefallen, dass vereinzelt Patienten mehrere Tage bis hin zu einer Woche kein Hauptscreening erhielten. Mitunter ist es für das Ernährungsteam schwierig Patienten zu erreichen, da diese vormittags häufig Untersuchungen erhalten, bei denen sie nicht auf Station anzutreffen sind. Während des Untersuchungszeitraums bestand das Ernährungsteam zudem vorübergehend lediglich aus zwei statt drei Kolleginnen. Dazu zählte eine Diätassistentin, die ausschließlich vormittags tätig war, und eine in Vollzeit tätige Ökotrophologin. Durch die Neuanstellung einer weiteren Vollzeit-Diätassistentin kann die Rate der Patienten, die zeitnah ein Screening erhalten, vermutlich deutlich verbessert werden. Dennoch sollte die Problematik noch einmal in den Fokus gerückt und daraus resultierend angestrebt werden, dass die Patienten – mit Ausnahme des Wochenendes – wie empfohlen innerhalb der ersten 24-48 Stunden gescreent werden (Cederholm T., et al., 2017).

5.3.2 Fehlende Prescreenings

Für 14 % (n = 30) der eingeschlossenen 212 Patienten lag kein Prescreening beim Ernährungsteam vor. Die Erhebung hat gezeigt, dass ein relevanter Anteil von ihnen ein Risiko für eine Mangelernährung aufwies beziehungsweise eine Kodierung einer Mangelernährung als Nebendiagnose vorgenommen wurde. Für 15 der Patienten ohne Prescreening wurde zumindest ein Deckblatt vom Empfang an das Ernährungsteam weitergeleitet, sodass das Screening nachgeholt werden konnte. Die weiteren 15 Patienten wären normalerweise jedoch nicht aufgefallen. Insgesamt wurden demnach 93 % der Patienten durch das Mangelernährungs-Screening erfasst. Über die Ursachen, weshalb bestimmte Personen nicht registriert wurden, kann an dieser Stelle nur spekuliert werden, da sie nicht ermittelt wurden. Es ist denkbar, dass ein Patient keine Angaben machen wollte, wobei in einem solchen Fall der leere Bogen weitergeleitet werden sollte. Darüber hinaus ist es möglich, dass in der Patientenaufnahme die Aushändigung des Bogens an den Betroffenen vergessen wurde oder dass dieser ihn nicht wieder an das Personal zurückgegeben hat. Ebenfalls ist nicht ausgeschlossen, dass der Patient außerhalb der regulären Zeiten aufgenommen wurde und der Empfang versäumt hat, das Deckblatt der Akte weiterzuleiten. Eine aktive Zusammenarbeit und Kommunikation des Ernährungsteams mit den beiden Funktionsbereichen Patientenaufnahme und Empfang ist danach von großer Bedeutung für einen reibungslosen Ablauf.

5.3.3 Einheitliche Bewertung

In der Erhebungsphase wie auch in der Auswertung wurde der Eindruck gewonnen, dass die Bewertung der Erkrankungsschwere zu Teilen nicht einheitlich beziehungsweise nicht korrekt vorgenommen wird. Beispielsweise wurden Patienten mit Cholezystektomien teilweise mit einem, zum Teil aber auch mit zwei Punkten im Schweregrad bewertet, obwohl es sich um den gleichen Einweisungsgrund handelte.

Im NRS-Screening sind beispielhaft Erkrankungsbilder genannt, die von den jeweiligen Krankenhausabteilungen entsprechend ihrer Patientenfälle modifiziert werden sollen. Zusätzlich geben die Autoren in ihrer Publikation eine Beschreibung zu jeder Einstufung an (1 = mild, 2 = mäßig, 3 = schwer), die insbesondere auf die Mobilität und den Eiweißbedarf des Patienten eingeht (s. Tab. 18) (Kondrup J., et al., 2003b).

Tab. 18: Kriterien und Beispiele der Erkrankungsschwere im NRS und IKH
(Eigene Darstellung)

	NRS (nach Kondrup J. et al., 2003b)	IKH (s. Anh. 4)
1 mild	Hüft-/ Schenkelhalsfraktur Chronische Erkrankungen besonders mit Komplikationen: Leberzirrhose, COPD *Chronische Hämodialyse, Diabetes, Krebsleiden* Ein chronisch kranker Patient wurde wegen Komplikationen aufgenommen. Patienten dieser Kategorie sind schwach, jedoch gehfähig und weisen einen erhöhten Eiweißbedarf auf, der durch normale Ernährung oder Supplemente gedeckt werden kann.	z.B. stabile chronische Erkrankungen

	NRS (nach Kondrup J. et al., 2003b)	IKH (s. Anh. 4)
2 mäßig	Große Bauchchirurgie, Schlaganfall *Schwere Pneumonie,* *hämatologische Krebserkrankung* Ein bettlägeriger Patient, z.B. nach einer gro- ßen Bauchoperation. Der Eiweißbedarf ist hoch, kann jedoch gedeckt werden; in vielen Fällen ist bereits eine künstliche Ernährung an- gezeigt.	z.B. instabile chronische Erkrankun- gen (Leberzirrhose, COPD, Diabe- tes, Herzinsuffizienz, CED), latente Infektionen, maligne Erkrankungen, Diarrhoen, Nahrungskarenz 4 Tage und mehr, chirurgische Eingriffe wie Kolektomie, Anlage von Anastomo- sen, u.ä.
3 schwer	Kopfverletzung, Knochenmarkstransplantation *Intensivpflichtige Patienten (APACHE-II > 10)* Typischerweise ein intensivpflichtiger Patient. Hier ist der Eiweißumsatz stark erhöht und eine positive Eiweißbilanz kann auch durch künstli- che Ernährung nicht erreicht werden. Durch sie können jedoch Proteinabbau und Stickstoffver- lust reduziert werden.	z.B. schwere Infektionen, Sepsis, postoperative Niereninsuffizienz, schwere akute Pankreatitis, häufige blutige Diarrhoen, Ileus, intensiv- pflichtiger Patient, große chirurgi- sche Eingriffe z.B. Gastrektomie, Whipple-Op, u.ä.

Fortsetzung der Tabelle 18

Desweiteren scheint es Unklarheiten in Bezug auf die Kodierung der Mangelernährung zu geben. Wie bereits in Kapitel 4.3.2 dargestellt, wurden die Kodierungen der Kachexie und des abnormen Gewichtsverlusts nicht einheitlich vorgenommen. Bei ersterer könnte es schlichtweg möglich sein, dass die zusätzliche Kodierung zur E43 vergessen wurde. In Bezug auf den abnormen
Gewichtsverlust scheint jedoch eine einheitliche Regelung zu fehlen, da gele-
gentlich für Patienten mit definitionsgemäß schweren Gewichtsverlusten keine
Kodierung vorgenommen wurde, hingegen aber für Patienten mit geringeren
Abnahmen. Hier sollte sich auf einheitliche Grenzwerte festgelegt werden, um
die Kodierung auch folgerichtig gegenüber dem MDK rechtfertigen zu können.
Weitere Aspekte hierzu werden in Kapitel 5.4 diskutiert.

5.3.4 Erhebung anthropometrischer Daten

Bei der Auswertung der Daten fiel auf, dass bei vier Patienten zwar ein Hauptscreening durchgeführt, jedoch keine Angabe zu Gewicht und Körpergröße
notiert wurde. In der Regel sollen die Patienten in der zentralen Aufnahme
gewogen werden, und sofern dies nicht erfolgt ist – beispielsweise bei Aufnahme außerhalb der regulären Zeiten –, sollte die zuständige Pflegekraft die
Messung auf Station vornehmen. Somit müsste für jeden Patienten mindestens
ein Gewichtswert zur Verfügung stehen. Problematisch ist hierbei, dass dieser
Wert in die Patientenkurve eingetragen und nur in seltenen Fällen zusätzlich in
elektronischer Form dokumentiert wird. Für das Ernährungsteam ist es jedoch

sehr aufwändig in jede einzelne Patientenakte Einsicht zu nehmen, insbesondere, wenn gerade die Visite stattfindet. Zudem haben die Mitarbeiter des Ernährungsteams nicht die Zeit, jede Messung selbst vorzunehmen. Dementsprechend verlassen sie sich in den meisten Fällen auf die Angabe des Patienten. Die Körpergröße wird im IKH generell nicht routinemäßig gemessen, sondern von den Patienten erfragt. Eine aktuelle Erhebung von Berghof und Kollegen (2018) zeigt jedoch, dass lediglich 15 % ihrer Studienteilnehmer ihre exakte Körpergröße wissen (Abweichung 0 cm) und gerade einmal 6,9 % ihr Körpergewicht exakt einschätzen (Abweichung max. ± 0,4 kg). In 80 % der Fälle lag der geschätzte BMI unter dem gemessenen, wobei es zu Differenzen von -13,8 bis +2,1 kg/m² kam. Es wäre also besonders wichtig, jeden Patienten bei der Aufnahme zu wiegen und zu messen und die Daten entsprechend digital zu dokumentieren, damit das Ernährungsteam von jedem Computer aus Zugriff auf die Messwerte hat. Dementsprechend könnten sie bei fehlenden Angaben im Prescreening ebenfalls Einsicht in die digitale Akte nehmen und wertvolle Zeit durch die Vermeidung von unnötigen Patientenbesuchen einsparen. Optimal wäre es, wenn die gemessenen Werte direkt im Anschluss an die Erhebung ins das Prescreening eingetragen würden.

Mit der beschriebenen Problematik geht einher, dass auch die Angaben der Patienten zum Gewichtsverlust meist nur eine grobe Einschätzung darstellen. Insbesondere ältere Patienten geben im Gespräch häufiger an, dass sie wüssten, wie viel sie normalerweise gewogen haben. Ihr aktuelles Gewicht kennen sie zumeist jedoch nicht, auch wenn sie bemerkt haben, dass ihre Bekleidung weiter geworden ist und sie offenbar abgenommen haben.

5.3.5 Kodierung der Mangelernährung

Laut Bezeichnung der E-Ziffern im ICD-10 liegt bei der Kodierung der E43 und E44 eine Energie- und Eiweißmangelernährung vor. In der Kodierempfehlung des MDK wird erläuternd dazu angegeben, dass ein Defizit an Kalorien und Protein im Vordergrund steht (s. Abb. 18). Zur Dokumentation wird gefordert, dass die in den ICD-Kodes aufgeführten Kriterien nachgewiesen werden. Dort ist lediglich die Abweichung des BMIs vom Durchschnitt um eine bis drei Standardabweichungen genannt (vgl. Tab. 2) (DIMDI, 2018). Die Kodierempfehlung fordert darüber hinaus jedoch ein entsprechendes Screening zur Erfassung der Mangelernährung und gegebenenfalls einen laborchemischen Nachweis des Proteinmangels (MDK, 2018).

Aktualisiert:	01.01.2018
Problem / Erläuterung:	Welche Kriterien/Angaben sind für die Diagnosestellung einer Krankheit aus E43 *Nicht näher bezeichnete erhebliche Energie- und Eiweißmangelernährung* bzw. E44.- *Energie- und Eiweißmangelernährung mäßigen und leichten Grades* erforderlich?
Kodierempfehlung:	*Energie- und Eiweißmangelernährung,* auch Protein-Energie-Malnutrition (PEM) genannt, beschreibt eine bestimmte Form der Unterernährung, bei der das Defizit an Energie („Kalorien") und Proteinen (Eiweiß) im Vordergrund steht.
	Die in den Definitionen zu den ICD-Kodes E43 und E44.- aufgeführten Kriterien müssen nachgewiesen und dokumentiert sein.
	Darüber hinaus sind durch eine qualitative/quantitative Ernährungsanamnese /Ernährungsprotokoll und/oder durch gängige Screeningverfahren/Scores die Mangelernährung zu erfassen und gegebenenfalls der Proteinmangel laborchemisch nachzuweisen (z.B. Serumalbumin).

Abb. 18: Auszug aus der Kodierempfehlung zu den Ziffern E43 und E44 des MDK
(MDK, 2018)

Unklar erscheint an dieser Stelle, wie die Formulierung *gegebenenfalls* zu verstehen ist. Sie erweckt den Eindruck, dass bei gegebener Abweichung des BMIs und bei vorliegendem Mangelernährungsrisiko nach dem NRS-Screening auch unabhängig vom laborchemischen Eiweißmangel eine E43/E44 kodiert werden kann. Eine schriftliche Anfrage an den in der Anwenderhilfe der Kodierempfehlung genannten Kontakt des MDK vom 28.08.2018 hierzu wurde leider nicht beantwortet. Laut Medizincontrolling des IKH findet jedoch eine wortwörtliche Auslegung der Bezeichnung der Mangelernährung statt, sodass immer auch ein niedriger Laborwert des Gesamteiweißes oder des Serumalbumins vorliegen muss, um die entsprechende E-Ziffer kodieren zu können (Ax R., 28.08.2018). Offensichtlich zieht das Ernährungsteam jedoch ausschließlich den BMI und den NRS-Score zur Kodierung der E43 und E44 in Betracht, da sie häufig auch bei normwertigen Proteinwerten dokumentiert wurden. Problematisch zu bewerten ist in diesem Zusammenhang ebenfalls, dass die Werte für Gesamtprotein und Albumin gar nicht standardmäßig für jeden Patienten im Labor erhoben werden.

Zur Kodierung der Ziffer E46 macht die Kodierempfehlung des MDK wiederum keinerlei Vorgaben zur Begründung und Dokumentation. Das DIMDI legt eine Störung der Protein-Energie-Balance ohne nähere Angabe zu Grunde (DIMDI,

2018). Im IKH wird diesbezüglich ein laborchemischer Eiweißmangel zur Begründung herangezogen (Ax R., 16.04.2011). Die Firma B. Braun gibt hierzu in einer Unterlage zur Unterstützung der Ernährungsfachkräfte in der Dokumentation der Mangelernährung an, dass die E46 unabhängig vom NRS-Score bei auffälligen Laborwerten kodiert werden kann und gibt dafür unter anderem einen Albuminwert unter 35 g/l an (Chudy M. und Lütticke J., 2012). Laut einem Vortrag auf dem Kongress des Deutschen Bundesverbands der Diätassistenten kann auch das Gesamteiweiß als Laborwert herangezogen werden (Lütkes P. und Schweins K., 2014). Auch dort scheint der NRS-Score keine Rolle zu spielen. Dieser Punkt ist entscheidend, da im IKH auch eine Kodierung der E46 vorgenommen wurde, wenn das Gesamteiweiß zu gering war und gleichzeitig jedoch kein erhöhter NRS-Score vorlag. Fachlich betrachtet ist in einigen dieser Fälle wohl eher von einer suboptimalen Makronährstoffrelation beziehungsweise einer geringen Qualität der Nahrungsauswahl auszugehen, sodass eine Ernährungsberatung grundsätzlich sinnvoll wäre. Allerdings fällt dies streng genommen dann nicht mehr in den Bereich der krankheitsbedingten Mangelernährung. Die Kodierung scheint entsprechend der formellen Vorgaben jedoch korrekt.

Nach weiterer Aussage des Medizincontrollings im IKH wird vom MDK gefordert, dass die Kodierung einer E-Ziffer immer der einer R-Ziffer vorzuziehen ist und dass stets nur eine der beiden kodiert werden sollte. Liegt beispielsweise ein BMI von 17,9 kg/m² mit mehr als drei Standardabweichungen unter dem Durchschnitt sowie ein niedriges Gesamtprotein vor, sollte eine Kodierung von E43 vorgenommen werden. Sie stellt die Mangelernährung als Nebendiagnose und Ursache für den niedrigen BMI und den Eiweißmangel dar. Die Kodierung einer Kachexie in Form von R64 ist dann nicht erwünscht, da sie lediglich das Symptom bezeichnet, aber keinen Bezug auf eine organische Ursache nimmt. Praktisch gesehen wird vom Controlling im IKH nur dann eine Kachexie kodiert, wenn der BMI unter 18,5 kg/m² liegt, der Proteinstatus im Labor jedoch unauffällig ist. In diesem Zusammenhang ist aufgefallen, dass das Ernährungsteam die Ziffer R64 generell zusätzlich zur E43/E44 vorgenommen hat, wenn der BMI nicht nur mehr als drei Standardabweichungen unter dem Durchschnitt lag, sondern zudem unterhalb von 18,5 kg/m².

Die Ziffer R63.3 *Abnormer Gewichtsverlust* zählt wie die Kachexie zu den Symptomschlüsseln. Sie wird eher selten vom Controlling des IKH kodiert, und es besteht keinerlei Richtlinie vom MDK, ab welchem prozentualen Gewichtsverlust sie vorgenommen werden kann. In der Regel liegt bei einem entsprechend hohen Gewichtsverlust jedoch ohnehin eine E43 oder E44 vor, und davon abgesehen hat die Kodierung des Gewichtsverlusts ohnehin keine ökonomische Relevanz (Ax R., 28.08.2018).

Insgesamt wird der Eindruck gewonnen, dass es eine bessere Abstimmung zwischen dem Medizincontrolling und dem Ernährungsteam im IKH geben sollte. Wünschenswert scheinen einheitliche Kriterien zur Dokumentation der verschiedenen Ziffern, um diese schlüssig gegenüber dem MDK rechtfertigen zu können. Auf diesem Wege könnte dem Controlling des Hauses auch zusätzliche Arbeit in der Bearbeitung der Kodierungen erspart werden.

5.4 Weitere Aspekte der ernährungstherapeutischen Arbeit

Im Folgenden sollen Themen diskutiert werden, die über den Vorgang der Identifizierung der Mangelernährung hinausgehen und für die noch Optimierungspotenzial für das Israelitische Krankenhaus gesehen wird. Sie stehen zwar nicht im Fokus der Arbeit, sind jedoch während der Intervention aufgefallen und sollen deshalb nicht unerwähnt bleiben. Die Themen werden jeweils kurz erläutert und mögliche Maßnahmen in knapper Form dargestellt.

5.4.1 Ernährungsassessment

Die Leitlinien sehen vor, bei bestehendem Risiko einer Mangelernährung im Anschluss an das Screening ein Ernährungsassessment vorzunehmen, um den Bedarf des Patienten zu bestimmen und einen individuellen Therapieplan zu erstellen (vgl. Kap. 2.1.4.3). Im IKH erfolgt dieses Assessment zu Teilen bereits innerhalb des Screenings und im offenen Gespräch mit den Patienten. Anschließend wird die entsprechende Empfehlung auf dem Screening-Bogen dokumentiert und an den behandelnden Arzt und das Pflegepersonal weitergegeben. Der Ernährungszustand wird dabei anhand des BMI, sofern sinnvoll durch eine BIA-Messung und anhand von Laborparametern, eingeschätzt. Eine strukturierte Erfassung des Energie- und Flüssigkeitsbedarfs beispielsweise anhand der Harris-Benedict-Formel ist aber nicht vorgesehen.

Teilweise wird die Verwendung des SGA als Assessment Tool vorgeschlagen (s. Anh. 2). Dies erscheint in diesem Fall jedoch eher weniger sinnvoll, da das SGA in erster Linie ebenfalls den Grad der Mangelernährung einschätzt und weniger die Grundlage für eine Therapieempfehlung herleitet. Zudem wird ein Teil der Fragen des SGA bereits in der Erhebung des Ernährungszustands im Hauptscreening des IKH abgefragt, um die Störung des Ernährungszustands festlegen zu können (z.B. Gewichtsverlust, Leistungsfähigkeit, Vorliegen von Ödemen). Es wäre vom Ablauf her nicht stimmig, anschließend noch einmal auf diese Punkte einzugehen und würde keinen Mehrwert an Informationen

bieten. Sinnvoll erscheint es dagegen, einige Aspekte aus dem SGA ergän-
zend an das Hauptscreening anzuschließen, um die Therapieempfehlung zu
stützen.

Der Gewichtsverlust wird bereits im Hauptscreening des IKH erfasst. Hier
könnte entsprechend der Frage 1 des SGA noch ergänzt werden, wie der
aktuelle Verlauf der letzten zwei Wochen gewesen ist. Für die Therapieempfehlung ist es entscheidend, ob das Gewicht zuletzt bereits stabilisiert werden
konnte oder ob es aktuell weiter abnimmt. Bevor eine Therapieempfehlung
ausgesprochen wird, sollte erhoben werden, welche Kostform der Patient
aktuell zu sich nehmen kann beziehungsweise darf (z.B. ausschließlich flüssig)
(Frage 2, SGA). Außerdem ist es von Bedeutung, ob (und gegebenenfalls welche) gastrointestinalen Symptome vorliegen (Frage 3, SGA). Beispielsweise
wird der Therapieplan bei Appetitlosigkeit ein anderer sein als bei chronischen
Diarrhoen. Wie bereits angedeutet sollte als Basis für die Empfehlung der Ener-
gie- und Flüssigkeitsbedarf eingeschätzt und dabei der metabolische Einfluss
der Erkrankung berücksichtigt werden. Grundsätzlich wäre hierzu die Verwendung der Harris-Benedict Formel mit entsprechenden Aktivitäts- und Stressfaktoren zu empfehlen. Die Berechnung eignet sich jedoch eher weniger als
Bedside-Methode, sofern keine technische Unterstützung zur Verfügung steht
(vgl. Kap. 5.4.4). Alternativ könnte daher eine Einschätzung anhand der BASA-
ROT-Faktoren (BMI, Age and Sex Adjusted - Rule of Thumbs) erfolgen. Diese
Daumenregel erlaubt eine BMI-, geschlechts- und altersadaptierte Schätzung
des Grundbedarfs ohne aufwendige Berechnung und kommt der indirekten
Kalorimetrie ähnlich nahe wie die Harris-Benedict-Formel (Valentini L., et al.,
2012; Ohlrich S. und Valentini L., 2013). Da die Berechnung den aktuellen BMI
berücksichtigt, kann darüber hinaus direkt mit dem aktuellen Körpergewicht
kalkuliert werden und die Definition eines Ziel-Gewichts ist bei untergewichtigen beziehungsweise übergewichtigen Patienten nicht notwendig. Die Tabelle
zur Kalkulation des Energiebedarfs und zur Auswahl entsprechender Aktivitäts-
und Stressfaktoren nach BASA-ROT finden sich im Anhang der vorliegenden
Arbeit (s. Anh. 37 und Anh. 38).

Unter Berücksichtigung der aktuellen Nahrungszufuhr kann anschließend
abgeschätzt und mit dem Patienten besprochen werden, ob eine Optimierung
oder Anreicherung der täglichen Ernährung ausreicht, um das Kaloriendefizit
zu decken oder ob eine entsprechende Unterstützung durch Trinknahrung
notwendig ist. Bei entsprechender Indikation kann außerdem eine enterale
oder parenterale Ernährung angewiesen werden.

5.4.2 Monitoring

Im Anschluss an das initiale Screening und Assessment ist es von ebenso großer Bedeutung zu überprüfen, ob sich Parameter verändert haben und die festgelegten Maßnahmen eingehalten werden und erfolgreich verlaufen. Demgemäß sollte für Patienten, die im initialen Screening unauffällig sind, während des Krankenhausaufenthalts ein wiederholtes Screening in wöchentlichen Intervallen erfolgen (Valentini L., et al., 2013). So ist es im IKH auch vorgesehen, wobei die Umsetzung nicht konsequent verfolgt wird beziehungsweise in diesem Sinne nicht notwendig wird. Patienten, die zu Beginn kein Risiko einer Mangelernährung aufweisen, werden zum größten Teil bereits vor Erreichen des siebten Tages wieder entlassen, da sie tendenziell mit unkomplizierten Diagnosen, kürzeren Krankengeschichten und jüngerem Alter aufgenommen werden. Solche hingegen, die sich zu komplizierten Fällen entwickeln und länger als eine Woche stationär bleiben müssen, werden dem Ernährungsteam vom behandelnden Arzt oder Pflegepersonal genannt, da sie zumeist eine Ernährungsberatung oder eine spezielle Kostform benötigen. Darüber hinaus ist das Ernährungsteam mit den initialen Screenings schon so stark ausgelastet, dass es organisatorisch häufig schwer umsetzbar ist, jedem zunächst unauffälligen Patienten weiter nachzugehen und ihn ein zweites Mal aufzusuchen.

Diejenigen Patienten, für die das Ernährungsteam Maßnahmen zur Ernährungstherapie im Rahmen des Hauptscreenings festlegt hat, werden von diesem in den folgenden Tagen erneut aufgesucht. Dabei wird besprochen wie die Nahrungsaufnahme verlaufen ist und ob empfohlene Produkte wie Trinknahrung, enterale oder parenterale Ernährung vertragen wurden. Falls der Patient damit nicht gut zurechtgekommen ist oder sich Änderungen ergeben haben, wird die Empfehlung daraufhin angepasst.

Der Nutrition Day Survey hat gezeigt, dass ein Großteil der Patienten seinen Energiebedarf über die normale Nahrungsaufnahme nicht deckt (vgl. Kap. 2.2.2). Die Ursachen sind dabei vielfältig, wobei einfache Interventionen zur Verbesserung der Nahrungsaufnahme wie geregelte Essenszeiten, breite Menüauswahl, zusätzliche Snacks, Motivation durch das Personal und Sip-Feeds einem Gewichtsverlust vorbeugen oder das Voranschreiten verhindern könnten. Dementsprechend schlagen die Autoren vor, dass die Nahrungsaufnahme einen Teil der täglichen Anamnese darstellen sollte. Beispielsweise könnte zumindest eine einmalige Notierung pro Tag über den vom Patienten tatsächlich verzehrten Anteil der Mahlzeit stattfinden (Hiesmayr M., et al., 2009). Diese Erhebung erfordert kein geschultes Personal und kann in Form von Tellerprotokollen erfolgen. Entsprechend müsste dann allerdings auch ein Algorithmus bestehen, nach dem das Ernährungsteam benachrichtigt wird, sobald keine ausreichende Zufuhr erfolgt ist, damit entsprechende Maßnahmen ergriffen werden können. Zudem muss bedacht werden, dass Patienten häufig auch nüchtern bleiben müssen, beispielsweise vor Operationen oder Darmspiegelungen. In diesen Fällen erhalten sie im IKH soweit möglich dünndarmresorbierbare Trinknahrung zur Aufrechterhaltung der Energieversorgung.

5.4.3 Nachhaltigkeit der Interventionen

Der Krankenhausaufenthalt stellt in der Regel nur einen kleinen zeitlichen Abschnitt der Behandlungs- und Genesungsgeschichte eines Patienten dar. Gleichzeitig beinhaltet er jedoch den zumeist wichtigsten Anteil an Diagnostik und Therapie und legt damit die Grundlage für eine rasche Heilung und Regeneration. Konsequenterweise darf hier die Ernährung als grundlegende Säule nicht außer Acht gelassen werden, denn es bietet sich die Möglichkeit eine individuelle Beurteilung vorzunehmen und Therapiemaßnahmen frühzeitig einzuleiten. Je nach Erkrankung ist für einen anhaltenden Erfolg jedoch ebenso bedeutend, wie der Patient im Anschluss an den Aufenthalt versorgt wird und als wie nachhaltig sich die Arbeit des Ernährungsteams im Krankenhaus damit erweist. In der Studie von Tangvik und Kollegen (2015) waren 40 % der Patienten, die in Altenheime entlassen wurden und ein Viertel derjenigen, die anschließend nach Hause zurückkehrten, mangelernährt. Demnach müssen die Informationen zum Ernährungsstatus und den empfohlenen Maßnahmen an Pflegeeinrichtungen, betreuende Ärzte und die Patienten selbst übermittelt werden. Eine Studie von van Bockhorst und Kollegen (2005) in den Niederlanden hat jedoch gezeigt, dass nur in 15 von 24 Arztbriefen überhaupt eine Äußerung zum Ernährungsstatus gemacht wurde, wobei diese zudem bruchstückhaft und unsystematisch waren. In lediglich zwei Fällen wurde die Information weitergeleitet, dass der Patient supportive Nahrung erhalten hatte, und in keinem der Briefe wurde eine Empfehlung für eine weitere Ernährungstherapie ausgesprochen. In der Konsequenz waren sich die behandelnden Ärzte drei Monate später kaum über die Ernährungsprobleme ihrer Patienten bewusst.

Im IKH kann das Ernährungsteam eine poststationäre Ernährungsempfehlung (s. Anh. 5) zur Fortführung der begonnenen Ernährungstherapie ausstellen, die seit Kurzem in elektronischer Form im Patienteninformationssystem hinterlegt ist und in den Arztbrief mit aufgenommen wird. Dies erfolgt, sobald passende Therapiemaßnahmen (z.B. Trinknahrung) in Kooperation mit dem Patienten festgelegt wurden (vgl. Kap. 5.4.2). Die Empfehlung erhält der Patient zusätzlich in ausgedruckter Form. Wird keine Therapiemaßnahme festgelegt beziehungsweise keine poststationäre Empfehlung ausgesprochen, wird der Aspekt der Ernährung jedoch auch nicht in den Arztbrief aufgenommen. Dementsprechend sollte ein Automatismus entwickelt werden, der den festgestellten Ernährungsstatus zumindest bei vorliegendem Risiko einer Mangelernährung in den Arztbrief mit aufnimmt und der darüber hinaus auch darüber informiert, ob der Patient eine initiale Ernährungsberatung erhalten hat, die noch fortgeführt werden sollte.

5.4.4 Einsatz moderner Technik

Viele der angesprochenen Punkte zur Optimierung der Umsetzung von Screenings und der Betreuung der Patienten werden in der Implementierung auf die Problematik stoßen, dass dem Ernährungsteam die Kapazitäten zu deren Umsetzung fehlen. Häufig geht ihm viel Zeit verloren, weil es Informationen an vielen verschiedenen Stellen im Hause einholen und abliefern muss. Die Prescreenings müssen aus der Aufnahme beschafft werden und stehen daher frühestens am folgenden Morgen zur Verfügung. Anschließend werden zunächst Informationen zu den Patienten an den Computern im Büro des Ernährungsteams aufgerufen. Wie bereits angesprochen fehlen hier teilweise Daten – insbesondere zur Anthropometrie –, sodass die Ernährungsfachkräfte im Zweifelsfalle noch einmal Einsicht in die Akte auf Station nehmen müssen. Besonders problematisch ist dies zur Zeit der Visite, während die Akten nicht im Stationszimmer vorliegen. Anschließend suchen sie den Patienten im Zimmer auf und notieren die entsprechenden Informationen händisch auf dem Hauptscreening-Bogen. Die Dokumentation der Mangelernährung für das DRG-System und der Speisewünsche müssen jedoch wiederum am Computer erfolgen. Entstehen dabei noch einmal Rückfragen an den Patienten, muss die Ernährungsfachkraft ihn erneut auf seinem Zimmer aufsuchen. Schließlich muss der handschriftlich ausgefüllte Bogen im Fach des betreuenden Arztes hinterlegt.

Der technische Fortschritt der letzten Jahre böte die Möglichkeit, die verschiedenen Erfassungsformen zu vereinheitlichen und zeitraubende Wege zu vermeiden. Würde das Prescreening bereits in elektronischer Form (z.B. auf Tablet-PCs oder durch den Aufnahmearzt am PC) aufgenommen, stünde es direkt für das Ernährungsteam bereit und eröffnete somit die Chance noch am Tag der Aufnahme das Hauptscreening durchzuführen. Hierbei könnten die Informationen wiederum direkt in digitalisierter Form aufgenommen und alle relevanten Dokumentationen und Therapiemaßnahmen in die entsprechenden Systeme eingepflegt werden. Gleichzeitig könnten Berechnungsschritte wie die Ermittlung des Alters, BMIs, Gewichtsverlusts und Energiebedarfs automatisiert und damit zeitsparender gestaltet werden. Zudem wäre es möglich auf

Grundlage des Ernährungszustands einen entsprechenden Text zur Dokumentation der Kodierung zu entwerfen, sodass auch hier Zeit gespart und Fehlerquoten minimiert werden könnten.

Auch beim Monitoring könnte man von einer elektronischen Erfassung profitieren. Beispielsweise könnte per Erinnerungsfunktion hinterlegt werden, wann Patienten etwa zur Überprüfung von Therapiemaßnahmen oder zur Vereinbarung neuer Speisepläne noch einmal besucht werden sollen, damit alle Mitarbeiter des Teams die Aufgaben entsprechend übernehmen könnten. Auch für das Rescreening nach einer Woche wäre eine solche Erinnerungsfunktion sehr hilfreich.

5.5 Wirtschaftliche Bedeutung

Verschiedene wissenschaftliche Publikationen machen Angaben zu möglichen Mehrerlösen beziehungsweise Einsparpotenzialen durch die ernährungstherapeutische Behandlung von Mangelernährung. Konturek et al. ermittelten in ihrer Studie in deutschen Krankenhäusern vor drei Jahren eine vergleichbare Prävalenz an Patienten mit Mangelernährung wie in der vorliegenden Arbeit. Sie registrierten außerdem, welchen abrechnungsrelevanten Vorteil die Kodierungen der Mangelernährung dem Krankenhaus erbrachten. Sie stellten fest, dass sich der Mehrertrag pro mangelernährtem Patient, für den eine korrekte Kodierung vorgenommen wurde, auf durchschnittlich 719 ± 917 € belief. Allerdings fanden sie außerdem heraus, dass 84,5 % der Ärzte die Diagnose der Mangelernährung gar nicht korrekt kodierten. Löser (2011b) gibt ein gesamtes Einsparpotenzial von 395 - 9.161 € pro Patient an und Müller et al. (2007) berechnen in ihrem Modell, dass allein durch eine kürzere Krankenhausverweildauer und vermiedene Komplikationen insgesamt etwa 800 € pro Patient eingespart werden können (vgl. Kap. 2.2.2).

Die Kodierung wird im IKH direkt vom Ernährungsteam vorgenommen, sodass die Dokumentation einer vorliegenden Mangelernährung sichergestellt ist. Zusätzlich wird sie vom Medizincontrolling des Hauses geprüft und nötigenfalls korrigiert oder vervollständigt. Sie zeigte bereits 2016 einen relevanten Mehrerlös von 53.000 €. Die vorliegende Untersuchung hat ergeben, dass noch für deutlich mehr Patienten eine Kodierung vorgenommen werden könnte und dadurch mit hoher Wahrscheinlichkeit auch die Erlöse höher lägen. Im betrachteten Zeitraum wurden durch die zusätzlichen Screenings zweieinhalbmal so viele Kodierungen vorgenommen. Wie bereits dargestellt ist das DRG-System hochkomplex, und es entsteht nicht bei jedem Patienten automatisch ein Sprung in der Abrechnungsstufe. Dennoch ist von einer deutlichen Erlössteigerung auszugehen. Zur Einsparung von Kosten wurde im IKH bisher keine

Erhebung gemacht, es ist jedoch auch hier davon auszugehen, dass durch die frühzeitige ernährungstherapeutische Versorgung die Verweildauer verkürzt und Komplikationen vermieden werden.

5.6 Methodik der Untersuchung

Zu den Stärken der Untersuchung zählt, dass die gewohnten Abläufe im IKH bis auf minimale organisatorische Anpassungen beibehalten wurden, sodass die Zahlen die normale Arbeit des Ernährungsteams wiederspiegeln. Hierfür war von besonderem Vorteil, dass die Untersucherin die grundsätzlichen Abläufe des Hauses bereits aus einem vorherigen Praktikum kannte. Positiv zu bewerten ist außerdem, dass mehrere Stationen der jeweiligen Fachrichtungen eingeschlossen wurden, wodurch ein möglichst vollständiges Bild des Patientenklientels abgebildet wird.

Eine Schwäche der Erhebung ist, dass insgesamt mit lediglich 76 % der Patienten ein Hauptscreening durchgeführt werden konnte, wobei das Ernährungsteam nur 65 % der vorgesehenen Erhebungen umsetzen konnte. Eine Erklärung hierfür ist der Umstand, dass das Team während des Untersuchungszeitraums unterbesetzt war. In Bezug auf das Studiendesign hätte in Betracht gezogen werden können, Patienten grundsätzlich auszuschließen, die beispielsweise im Rahmen von Kontrollen lediglich für einen Tag aufgenommen werden. Sie sind folglich zum Zeitpunkt der Screening-Durchführung am Folgetag bereits wieder entlassen und haben in der Regel kein Risiko einer krankheitsbedingten Mangelernährung, da sie keine akute Krankheitsaktivität aufweisen. Letzten Endes wird immer eine gewisse Rate an Patienten verbleiben, mit denen kein Hauptscreening stattfindet. Hierbei kann auch eine sprachliche Barriere die Ursache sein. Um weitere Erkenntnisse zur Umsetzung der Hauptscreenings zu gewinnen, könnte in einer erneuten Erhebung zusätzlich erfasst werden, wie viel Zeit jeweils zwischen der Aufnahme und der Durchführung des Screenings lag und was die genauen Gründe und Schwierigkeiten waren, wenn das Screening nicht durchgeführt werden konnte.

Ein weiterer Schwachpunkt der Erhebung ist, dass die Parameter Gewicht und Körpergröße anstelle von Messungen zum Großteil auf Patientenangaben beruhen. Dies erschwert unter anderem den Vergleich mit Daten anderer Studien. Eine jeweilige Messung durch das Ernährungsteam wäre jedoch logistisch extrem aufwendig. Deshalb sollte die Messung in der zentralen Patientenaufnahme oder in Ausnahmefällen auf Station erfolgen und die Daten in einer Form zur Verfügung gestellt werden, die dem Ernährungsteam einen schnellen, einfachen Zugriff darauf ermöglicht.

Eine Schwachstelle ist zudem, dass keine genauere Abstimmung zur Beurteilung einzelner Parameter wie der Erkrankungsschwere erfolgte, um die Screening-Ergebnisse der Untersucher vergleichbar zu machen. Im Vorhinein dieser Untersuchung wurde jedoch absichtlich hierauf verzichtet, um solche Problemstellungen entsprechend aufzeigen zu können. Desweiteren könnte bei einer erneuten Durchführung vorab eine Kategorisierung von Erkrankungsbildern vorgenommen werden, um unterschiedlich hohe Prävalenzen der Mangelernährung in verschiedenen Patientengruppen besser abbilden zu können. Auf das Screening selbst würde dies jedoch keinen Einfluss haben.

Weiterführend könnte noch erhoben werden, bei welchem Anteil der Patienten die zusätzliche Kodierung tatsächlich zu einer Erlössteigerung geführt hat und darüber der wirtschaftliche Vorteil der Optimierung des Prescreenings ermittelt werden.

6 Handlungsempfehlungen

6.1 Optimierung der Screeningbögen

Wie im vorangegangenen Kapitel ausführlich diskutiert, bietet der Prescreening-Bogen des IKH Optimierungsmöglichkeiten, um den Anteil der falsch eingeschätzten Patienten und insbesondere die Falsch-Negativ-Rate zu reduzieren. Von zentraler Bedeutung ist dabei die Berücksichtigung der Parameter Alter und BMI. Dazu wird an dieser Stelle ein Vorschlag für eine neue Version des Prescreenings im IKH gemacht (s. Abb. 19).

Im Einleitungssatz wird auf den Begriff *Fehlernährung* verzichtet, da es ausschließlich um die Erhebung von Mangelernährung geht. Um dem Ernährungsteam die Arbeit zu erleichtern, wird eine Zeile zur Angabe des Alters ergänzt. Auf die Angabe des Geburtsdatums sollte dennoch nicht verzichtet werden, da der Patient anhand dessen schnell und eindeutig im Patienteninformationssystem gefunden werden kann für den Fall, dass kein Patientenaufkleber auf dem Bogen angebracht ist.

Zur Erhebung des BMI wird vorgeschlagen, die Frage nach dem aktuellen Gewicht und der Körpergröße als erstes zu stellen. Sie sollte von allen Patienten beantwortet werden und nicht wie vorher nur von denjenigen, die Gewicht verloren haben. Dementsprechend müssen die Patienten bei einer Beantwortung der Frage zwei zum Gewichtsverlust mit *Ja* nur noch ihr vorheriges Gewicht angeben, und die Höhe des Gewichtsverlusts ergibt sich aus der Differenz zum aktuellen Gewicht. Die Spezifizierung *ungewollt* wurde aus den vorher diskutierten Gründen gestrichen (vgl. Kap. 5.2.2). Es muss beachtet werden, dass die Selbstauskunft der Patienten bisher in der Regel vor dem Arztgespräch und damit vor dem Wiegen und Messen stattfindet. In Grenzfällen sollte das Ernährungsteam deshalb noch einmal den Messwert im Patienteninformationssystem prüfen. Alternativ wäre zu erwägen das Prescreening in das Arztgespräch zu integrieren (vgl. Kap. 6.2).

Die Frage drei zur Nahrungsmenge entspricht der zweiten Frage des bisherigen Prescreening-Bogens, wobei der angegebene Zeitraum auf eine Woche verkürzt wurde. Auf diese Weise werden auch Patienten berücksichtigt, die erst seit Kürzerem in ihrer Nahrungsaufnahme eingeschränkt sind, und die Formulierung entspricht damit dem NRS-Screening. Die Frage zur Leistungsfähigkeit wurde ersatzlos gestrichen, da sie offensichtlich nicht konsequent ausgewertet wird und zudem keine signifikante Assoziation zum NRS-Score besteht.

© Springer Fachmedien Wiesbaden GmbH, ein Teil von Springer Nature 2019
K. Gewecke, *Prescreening auf Mangelernährung in der Klinik*, Forschungsreihe
der FH Münster, https://doi.org/10.1007/978-3-658-27476-4_6

Darüber hinaus ist sie auch kein Bestandteil des Vorscreenings nach NRS. Insofern verbleibt die Frage nach einer chronischen Erkrankung an vierter Stelle. Sie wurde ebenso wie die abschließende zu Nahrungsmittelunverträglichkeiten und diätetischen Besonderheiten in ihrer bisherigen Formulierung bis auf minimale Anpassungen beibehalten.

Vorscreening auf Mangelernährung

Sehr geehrte Patientin, sehr geehrter Patient,

das frühzeitige Erkennen einer Mangelernährung ermöglicht es uns, rechtzeitig ernährungstherapeutische Schritte einzuleiten und damit den Verlauf Ihrer Erkrankung positiv zu beeinflussen.

Wir bitten Sie daher, folgende Fragen zu beantworten:

Name: .... Vorname: ....
Geb.-Datum: .... Alter: ....

1) Aktuelles Gewicht: .... kg

   Aktuelle Größe: .... cm

2) Haben Sie in den letzten 3 Monaten an Gewicht verloren?   Ja ○   Nein ○

   Wenn ja, wie war ihr vorheriges Gewicht? ....kg

3) Haben Sie während der letzten Woche weniger gegessen?   Ja ○   Nein ○
   (z.B. aufgrund von Appetitverlust, Übelkeit/Erbrechen,
   Völlegefühl)

4) Liegt bei Ihnen eine schwere, chronische Erkrankung
   (an Bauchspeicheldrüse, Darm, Herz, Lunge, Leber, Niere) Ja ○   Nein ○
   oder eine Tumorerkrankung vor?

5) Liegt bei Ihnen eine Nahrungsmittelunverträglichkeit vor
   und/oder müssen bei Ihnen diätetische Besonderheiten   Ja ○   Nein ○
   berücksichtigt werden?

   Wenn ja, welche? ....
   ....

Wir danken für Ihre Mithilfe und wünschen Ihnen eine gute Besserung!

                                                        Ihr Ernährungsteam

---

Abb. 19: Vorschlag zum optimierten Prescreening-Bogen im IKH
     (Eigene Darstellung)

Wie in Kap 5.4.1 besprochen sollten im Hauptscreening Fragen zur Begründung der Therapieempfehlung ergänzt werden. Auch hierzu wird ein entsprechender Vorschlag gemacht (s. Abb. 20): Es wird empfohlen, den aktuellen Gewichtsverlust, die Kostform und gastroenterologische Beschwerden ähnlich wie im SGA mit Hilfe vorgegebener Antwortmöglichkeiten zu erfassen. Anschließend sollte der Energiebedarf berechnet werden. Wie bereits erläutert ist die Verwendung der Harris-Benedict-Formel als Bedside-Methode eher ungeeignet. Daher wird die Verwendung der BASA-ROT Faktoren vorgeschlagen, welche zudem bereits den Aktivitäts- und Stressfaktor beinhalten (s. Anh. 37 und Anh. 38) und lediglich mit dem aktuellen Gewicht multipliziert werden müssen (Valentini L., et al., 2012). Desweiteren ist der Flüssigkeitsbedarf zu ermitteln. Hierzu wird eine vereinfachte Berechnungsformel nach der ESPEN Leitlinie zur parenteralen Ernährung vorgeschlagen (Staun M., et al., 2009). Der danach ermittelte Wert dient als Grundlage zur Auswahl von Trinknahrung, enteraler oder parenteraler Ernährung sowie der benötigten oralen Aufnahmemenge.

Aktueller Gewichtsverlauf: ☐ abnehmend ☐ zunehmend ☐ stabil

Kostform: ☐ fest ☐ weich ☐ flüssig ☐ klar flüssig ☐ keine Nahrungsaufnahme

Beschwerden: ☐ Appetitlosigkeit ☐ Übelkeit ☐ Erbrechen ☐ Diarrhoen

Energiebedarf: *BASA-ROT*....kcal/kg * *Körpergewicht*.........kg = ... kcal

Flüssigkeitsbedarf: 1500 ml + ((KG [kg] - 20 kg) * 15 ml) = ... ml/Tag

---

Abb. 20: Vorschlag zum Ernährungsassessment im Rahmen des Hauptscreenings
(Eigene Darstellung)

6.2 Praxisbezogener Maßnahmenkatalog

Neben den Vorschlägen zur Anpassung der Screening-Bögen selbst sollen im Folgenden ergänzende Maßnahmen empfohlen werden, die die praktische Umsetzung der Screenings und die Behandlung der Mangelernährung im Allgemeinen betreffen.

M1 Die anthropometrischen Daten *Gewicht* und *Körpergröße* sollten für jeden Patienten in der zentralen Patientenaufnahme gemessen werden. Falls dies nicht erfolgt, sollte die Messung auf Station vom Pflegepersonal nachgeholt werden. Dies garantiert valide und aktuelle Daten und ermöglicht eine aussagekräftige Verlaufsbeobachtung.

M2 Die anthropometrischen Daten sollten grundsätzlich auch digital dokumentiert werden. Dies erspart dem Ernährungsteam wertvolle Zeit und ermöglicht auch dem Medizincontrolling eine schnelle Einsicht der Messwerte.

M3 Optimalerweise sollten die in der Aufnahme gemessenen anthropometrischen Daten die Grundlage für das Prescreening darstellen. Demzufolge müsste der Prescreening-Bogen im Anschluss oder noch besser während des Aufnahmegesprächs vom Arzt ausgefüllt werden. Dies ermöglicht zudem eine einheitliche, fachliche Einschätzung der Items wie beispielsweise dem Vorliegen einer chronischen Erkrankung. Gleichzeitig sensibilisiert es die Ärzte für das Thema der Mangelernährung, und die Daten könnten direkt in elektronischer Form erhoben und an das Ernährungsteam übertragen werden.

Tatsächlich werden eine Reihe der im Prescreening erhobenen Parameter auch in der ärztlichen Aufnahme abgefragt (z.B. Körpergewicht, Größe, Allergien, Gewichtsverlauf), sodass diese lediglich ergänzt und digital gebündelt werden müssten, um sie dem Ernährungsteam zur Verfügung zu stellen.

M4 Die Laborwerte für Gesamtprotein und Albumin sollten für jeden Patienten im Labor gemessen werden, da sie auf eine Mangelernährung hinweisen und als Grundlage für ihre Kodierung dienen. Aktuell wird standardmäßig das Gesamtprotein für jeden und Albumin für alle internistischen Patienten im Labor angefordert, wobei die Werte trotzdem nicht immer im Patienteninformationssystem verfügbar waren.

M5 Um die Einschätzung der Erkrankungsschwere korrekt und einheitlich vornehmen zu können, sollte sich das gesamte Ernährungsteam mit der Einteilung des Scores beschäftigen und gemeinsam die entsprechenden Beispiele bei Orientierung am NRS besprechen und gegebenenfalls überarbeiten.

M6 Um mit möglichst allen auffälligen Patienten ein Hauptscreening durchzuführen, sollten die Patienten mit der längsten bisherigen Verweildauer Priorität bekommen. Hierzu kann es auch sinnvoll sein, noch nicht erreichte Patienten am Nachmittag erneut aufzusuchen.

M7 Um eine einheitliche und korrekte Kodierung zu fördern, sollte sich das Ernährungsteam mit den Mitarbeitern des Medizincontrollings abstimmen. Zu Beginn eines jeden Jahres findet eine Aktualisierung der Kodierempfehlung des MDK statt. Daher wird ein jährliches Treffen im ersten Quartal vorgeschlagen. Dies könnte dem Controlling die Arbeit erleichtern und fördert die korrekte und umfassende Abrechnung der Mangelernährung.

M8 Für die Patienten auf der Intensivstation ist bereits ein Monitoring der Nahrungsaufnahme in Form von Tellerprotokollen etabliert. Auf den anderen Stationen findet bisher keine Dokumentation in dieser Form statt. Das Ernährungsteam besucht die Patienten mit Handlungsbedarf jedoch ohnehin noch einmal, um zu besprechen, ob die Maßnahmen toleriert und angenommen werden. In diesem Gespräch befragen sie die Patienten auch zur oralen Speisenaufnahme. Perspektivisch könnte trotzdem ins Auge gefasst werden, auch auf den übrigen Stationen Tellerprotokolle zu etablieren.

M9 Generell sollten alle Mitarbeiter des Krankenhauses, maßgeblich die Ärzte und Pfleger, regelmäßig für das Thema Mangelernährung sensibilisiert werden. Beispielsweise könnte im hausinternen Fortbildungsprogramm eine Schulung zum Thema Mangelernährung angeboten werden, um die Häufigkeit und Wichtigkeit ihrer Behandlung zu vermitteln. Darauf aufbauend könnten alle Beteiligten die Ernährungssituation der Patienten besser einschätzen und rechtzeitig Konsile beim Ernährungsteam anfordern.

M10 Von besonderer Bedeutung wäre die Digitalisierung der Mangelernährungs-Screenings. Dem Ernährungsteam könnte dadurch wertvolle Zeit erspart werden, die aktuell durch die Verteilung von Informationen und Dokumentationen an verschiedenen Orten verloren geht. Zudem könnten Berechnungsschritte (z.B. Alter, BMI, Grundumsatz) automatisiert und dadurch Fehler minimiert und Zeit eingespart werden.

Darüber hinaus wäre ein schnelleres Screening möglich, wenn die Angaben der Patienten im Prescreening direkt beim Ernährungsteam zur Verfügung stünden. Dann könnte dies frühzeitig den individuellen Speiseplan mit den Patienten besprechen und gleichzeitig die Pfleger etwas entlasten. Auch eine automatisierte Übernahme der Daten in den Arztbrief wäre möglich, sodass Patienten, Angehörige, Pflegepersonal und betreuende Ärzte ebenfalls zum Mangelernährungsrisiko informiert würden.

M11   Eine effizientere Gestaltung der Screenings bietet die Chance, dass frei-
      werdende Kapazitäten im Ernährungsteam genutzt werden können, um
      die Aufnahme der Speisewünsche anstelle des Pflegepersonals grund-
      sätzlich selbst durchzuführen. Dadurch könnte schon frühzeitig eine
      Beratung zur Speisenauswahl stattfinden und das Pflegepersonal
      entlastet werden, wodurch dieses wiederum andere Tätigkeiten wie die
      Erhebung anthropometrischer Daten oder die Dokumentation von Teller-
      protokollen unterstützen könnte.

6.3 Weiterführende Aspekte

Aktuell beziehen sich die Maßnahmen zur Verbesserung der oralen Kostaufnahme im IKH in erster Linie auf die Hauptmahlzeiten. Neben einer individuellen Festlegung, welche Speisen gemocht und vertragen werden, kann das
Ernährungsteam insbesondere für Patienten, die nur flüssige und breiige Speisen vertragen, sogenannte Energiesuppen bestellen, die mit einem hochkalo-
rischen Nährstoffkonzentrat angereichert sind. Eine spezielle, hyperkalorische
Menülinie besteht jedoch nicht und die Möglichkeit von Zwischenmahlzeiten
wird bisher kaum genutzt. Hier stehen gängige Snacks wie Joghurt oder Obst
zur Verfügung. Reichen diese für den Kalorienbedarf nicht aus, wird in der
Regel kommerziell erhältliche Trinknahrung eingesetzt. Für diesen Bereich
könnte sich das IKH vom Kasseler Modell inspirieren lassen. In dessen Rahmen wurden sowohl ein Kostformenkatalog mit hyperkalorischer Menülinie als
auch herzhafte sowie süße hyperkalorische Shakes entwickelt, die als Zwi-
schenmahlzeit bestellt werden können (Löser C., 2011c). Auf diesem Wege
könnten die industriell gefertigten Trinknahrungen ergänzt und dem Patienten
eine größere und frischere Auswahl geboten werden. Aus der Erfahrung des
Ernährungsteams ist bekannt, dass Patienten Trinknahrung teilweise ableh-
nen, weil sie ihnen nicht schmeckt oder der Medikamentencharakter sie
abschreckt. Insbesondere die frischen, geschmacklich attraktiven Shakes (z.B.
Blaubeer-Buttermilch, Nuss-Nougat, Gurken-Kefir-Sahne) werden von den
Patienten im Roten Kreuz Krankenhaus in Kassel hingegen sehr gut angenommen und besonders positiv bewertet. Dies hat neben einer modernen ernährungsmedizinischen Versorgung den Effekt einer Imagesteigerung, da für den
Patienten neben der Fernsehmöglichkeit die Ernährung zum wichtigsten Kriterium in der Bewertung des Hauses zählt (Löser C., 2011c).

Zur Überprüfung wie gut die ernährungstherapeutischen Maßnahmen greifen, könnte vor Entlassung der Patienten ein erneutes, abschließendes Wiegen stattfinden. Daraus kann zumindest geschlossen werden, wie sich das Gewicht des Patienten über den Krankenhausaufenthalt entwickelt hat und ein entsprechender Hinweis im Arztbrief vermerkt werden. Außerdem könnten zur Verlaufskontrolle vermehrt auch weitere Methoden zur Bestimmung der Körperzusammensetzung wie die BIA-, Handkraft- und Oberarmmuskelumfang-Messung ausgeschöpft werden.

Um die Nachhaltigkeit der Mangelernährungsscreenings zu gewährleisten, ist es nicht nur von Bedeutung den behandelnden Arzt und entsprechende Pflegekräfte über den Arztbrief zu informieren, sondern vor allem auch die Patienten selbst aufzuklären und zu schulen. Im IKH gibt es bereits eine ganze Reihe von Informationsmaterialien, die den Patienten an die Hand gegeben werden. Zum Thema Mangelernährung besteht eine solche Broschüre hingegen noch nicht. Sie böte die Möglichkeit, den Patienten über das Risiko und die möglichen Folgen einer Mangelernährung aufzuklären, ihm die Versorgung und das Vorgehen im IKH nahe zu bringen und entsprechende Maßnahmen und Möglichkeiten der Versorgung in der Zeit nach dem Krankenhausaufenthalt darzulegen. Beispielsweise könnten kurze Anregungen und Rezeptvorschläge für energiereiche Suppen, Shakes und Zwischenmahlzeiten gemacht werden, Supplemente wie energiereiche Nährstoffkonzentrate und Trinknahrungen vorgestellt und die Erstattungsmöglichkeiten erläutert werden. Als weiterführende Lektüre und Informationsquelle könnte beispielsweise das Buch „Mangel- und Unterernährung. Strategien und Rezepte: Wieder zu Kräften kommen und zunehmen" der Autoren Prof. Christian Löser, Dr. Angela Jordan und Ellen Wegener empfohlen werden, welches im Rahmen des Kasseler Modells erarbeitet wurde (Löser C., 2011c). Darüber hinaus könnte es sinnvoll sein, etwa einmal pro Woche eine Gruppenschulung für Patienten und Angehörige anzubieten, die sich mit dem Thema Mangelernährung beschäftigen möchten.

Eine Problematik der ernährungsmedizinischen Versorgung in Krankenhäusern ist auch heute noch, dass die Erstattungssituation sich zwar verbessert hat und ein wirtschaftliches Arbeiten durchaus möglich ist, jedoch keine nennenswerten Gewinne zu erwarten sind. Im IKH werden neben den Screenings auf Mangelernährung auch indikationsbezogene Ernährungsberatungen durchgeführt, die von den Patienten gut angenommen und geschätzt werden. Teilweise sind die modernen Ernährungskonzepte von Grund auf hausintern und entsprechend der jeweiligen Patientenbedürfnisse entwickelt worden. Sie sind jedoch eine freiwillige Leistung des Hauses, da Ernährungsberatungen als solche in der Klinik nicht abgerechnet werden können. Es besteht bereits das

Bestreben, die Beratungen ambulant durchzuführen, da dem Ernährungsteam so mehr Zeit für die Screenings und die Betreuung vor Ort bliebe. Zudem stünde in einer ambulanten Beratung mehr Zeit zur Verfügung, sodass noch individueller und umfassender auf Patienten eingegangen werden könnte. Problematisch ist hierbei jedoch, dass die Patienten zunächst entlassen werden müssen, bevor eine ambulante Leistung möglich ist. Es ist also kein nahtloser Übergang zwischen der Versorgung im Krankenhaus und der sich daran anschließenden möglich ist. Zudem kommt ein verhältnismäßig großer Teil der im IKH versorgten Patienten aus ganz Deutschland oder sogar aus dem Ausland und kann eine lokale, ambulante Beratung daher nicht wahrnehmen. Solange eine Abrechnung der therapeutischen Ernährungsberatung im Krankenhaus nicht möglich ist, bleibt jedoch nur die Möglichkeit, die vor Ort lebenden Patienten ambulant nachzubetreuen und mit den angereisten Patienten die dringlichsten Aspekte vor Ort zu besprechen und Empfehlungen zur Suche eines geeigneten Ernährungsberaters zu geben.

7 Fazit

Die vorliegende Erhebung zeigt, dass bei den Patienten im IKH eine vergleichsweise hohe Prävalenz eines Mangelernährungsrisikos herrscht und jeder vierte bis fünfte betroffen ist. Zurückzuführen ist dies vermutlich nicht zuletzt auf den hohen Spezialisierungsgrad des Krankenhauses auf den Bereich gastroenterologischer und onkologischer Erkrankungen, die verhältnismäßig häufig mit einem ungewollten Gewichtsverlust einhergehen (Pirlich M., et al., 2006).

Das bisher im IKH angewandte Prescreening auf Mangelernährung entspricht im Grundsatz dem Vorscreening des NRS, welches ursprünglich für Abteilungen mit einem geringen Anteil an Risikopatienten entwickelt wurde (Kondrup J., et al., 2003a). Die vorliegende Untersuchung zur prognostischen Validität des Prescreenings im IKH hat ergeben, dass lediglich knapp die Hälfte der Patienten im Prescreening identifiziert werden, die im Hauptscreening einen NRS-Score ≥ 3 erreichen und damit ein Mangelernährungsrisiko aufweisen. Somit besteht deutlicher Optimierungsbedarf. Es wurde ermittelt, dass sich die Falsch-Negativ-Rate von rund 50 auf 7 % reduzieren ließe, indem ein Alter über 70 Jahren und ein BMI unter 20,5 kg/m² als Kriterien in das Hauptscreening integriert würden. Hierzu ist anzumerken, dass der BMI ohnehin ein Parameter der ersten Stufe des NRS ist, der aus unbekannten Gründen im IKH bisher nicht berücksichtigt wurde. Zudem wäre es sehr wichtig, die benötigten anthropometrischen Daten vor Ort zu messen und digital zu dokumentieren, um Empfehlungen und Kodierungen durchgängig auf korrekte Werte basieren zu können. Da es tendenziell zu einer Unterschätzung des BMIs durch die Patienten kommt (Braunschweig C., et al., 2000), wäre die Prävalenz der Mangelernährung in der Realität vermutlich geringer.

Neben einem positiven Einfluss auf das Befinden der Patienten und das ganzheitliche Therapiekonzept des Hauses bringt die Arbeit des Ernährungsteams bereits einen nennenswerten wirtschaftlichen Mehrerlös mit sich. Im betrachteten Zeitraum stieg die Häufigkeit der Kodierung einer E-Ziffer durch die zusätzlichen Screenings um das Zweieinhalbfache an. Folglich würde durch die Optimierung des Screening-Verfahrens die Zahl der abrechnungsrelevanten Fälle mit der Nebendiagnose Mangelernährung deutlich gesteigert und damit der wirtschaftliche wie auch der therapeutische Stellenwert der Ernährungstherapie gefestigt.

Mit seinem interdisziplinären Ernährungsteam und dem etablierten Screening auf Mangelernährung dient das IKH bereits als Positivbeispiel unter vielen deutschen Krankenhäusern. Die Erhebung zeigt jedoch auch, dass selbst etablierte Tools und Abläufe stets hinterfragt werden sollten und gegebenenfalls an die individuellen Anforderungen der Patienten angepasst werden müssen. Eine besondere Herausforderung ist dabei das Fehlen eines Goldstandards zur Diagnosesicherung einer Mangelernährung, wodurch der Kompetenz der Ernährungsfachkräfte eine noch größere Bedeutung zukommt.

8 Zusammenfassung

Das Problem der Mangelernährung im klinischen Setting ist bereits seit Jahrzehnten bekannt (Hill G. L., et al., 1977). Seither ist das Thema in Deutschland jedoch noch nicht umfassend behandelt worden, obwohl eine Resolution des Europarats aus dem Jahr 2003 die Etablierung eines interdisziplinären Ernährungsteams vorsieht, welches sich systematisch mit dem Risiko der Mangelernährung befasst und präventive und therapeutische Maßnahmen einleitet (Committee of Ministers, 2003). An Stelle eines Rückgangs steigt die Prävalenz in Deutschland sogar tendenziell weiter an (Löser C., 2011b). Jeder zweite bis fünfte Krankenhauspatient ist hierzulande mangelernährt, wodurch etwa 5 Milliarden € jährlich an zusätzlichen Kosten für das Gesundheitssystem entstehen (Müller M. C., et al., 2007). Der Patient ist dabei in erster Linie mit steigender Morbidität und Mortalität, längeren und häufigeren Krankenhausaufenthalten, erhöhtem Pflegebedarf sowie psychologischen Folgen konfrontiert.

Das Israelitische Krankenhaus in Hamburg ist in diesem Zusammenhang ein gutes Beispiel dafür, dass eine ernährungsmedizinische Versorgung zur Vorbeugung und Behandlung von Mangelernährung umsetzbar und wirtschaftlich ist. Das im Hause etablierte Ernährungsteam führt ein zweistufiges Screening auf Mangelernährung durch, leitet entsprechende Maßnahmen ein und kodiert die Mangelernährung zur Abrechnung mit dem MDK. Bereits im Jahr 2016 wurde auf diese Weise ein Mehrerlös von 53.000 € erwirtschaftet. Darin ist die Kosteneinsparung durch verminderte Komplikationsraten und kürzere Krankenhausverweildauern noch nicht berücksichtigt.

Zur Identifikation von Risikopatienten hat das IKH ein Mangelernährungsscreening etabliert, welches sich am NRS orientiert. Die praktische Erfahrung des Ernährungsteams hat dabei gezeigt, dass einige Patienten trotz eines Risikos für eine Mangelernährung nicht durch die erste Stufe erkannt werden. Das Vorscreening nach NRS ist ursprünglich als einfaches und schnelles Tool für Abteilungen mit wenigen Risikopatienten entwickelt worden (Kondrup J., et al., 2003a). Das IKH weist jedoch – vermutlich aufgrund seines hohen Spezialisierungsgrads – eine vergleichsweise hohe Prävalenz an Patienten mit einem Mangelernährungsrisiko von etwa 40-50 % auf. Dies könnte erklären, warum das bisher übliche Prescreening offensichtlich nicht zur Identifizierung aller Risikopatienten ausreicht.

© Springer Fachmedien Wiesbaden GmbH, ein Teil von Springer Nature 2019
K. Gewecke, *Prescreening auf Mangelernährung in der Klinik*, Forschungsreihe
der FH Münster, https://doi.org/10.1007/978-3-658-27476-4_8

Die vorliegende Untersuchung zur prognostischen Validität des Prescreenings zeigt, dass etwa die Hälfte der als unauffällig klassifizierten Patienten tatsächlich im Hauptscreening einen NRS-Score ≥ 3 erreichen und damit ein Mangelernährungsrisiko aufweisen. Diese Rate könnte auf Basis der erhobenen Daten durch die Berücksichtigung des Alters (> 70 Jahre) und des BMIs (< 20,5 kg/m²) als Kriterien im Prescreening auf 7 % reduziert werden. Die vorliegende Arbeit demonstriert somit, dass die Erfassung eines Mangelernährungsrisikos nicht immer trivial ist. Eine besondere Herausforderung liegt darin, dass es keinen Goldstandard zur Diagnosesicherung der Mangelernährung gibt. Umso wichtiger erscheint es, die bestehenden Verfahren an die individuellen Bedürfnisse des Patientenklientels anzupassen.

Über die Screening-Bögen hinaus bieten sich noch weitere Möglichkeiten an, die Arbeit des Ernährungsteams einheitlicher und effizienter zu gestalten. Dazu zählt eine verlässliche Erhebung der anthropometrischen Daten aller Patienten, auf deren Grundlage weitere Erhebungen, Maßnahmen und Kodierungen basieren. Darüber hinaus kann eine transparente Verfügbarkeit aller Angaben in elektronischer Form Zeit sparen, Berechnungen erleichtern, Fehlerquoten minimieren und Erinnerungsfunktionen ermöglichen. Die enge Zusammenarbeit der unterschiedlichen Fachbereiche mit der Ernährungsmedizin ist des Weiteren Voraussetzung für eine zuverlässige Erfassung aller Patienten, die rechtzeitige Einleitung von Maßnahmen und eine einheitliche Abrechnung der Mangelernährung. Auch die Sensibilisierung und Fortbildung von Ärzten und Pflegepersonal sowie Patienten und ihren Angehörigen stellt einen wichtigen Baustein der umfassenden Behandlung von Mangelernährung dar.

Die vorliegende Arbeit verdeutlicht, dass eine frühzeitige Erkennung und Behandlung der krankheitsbedingten Mangelernährung in erster Linie eine wirksame Therapiemaßnahme und darüber hinaus auch eine wirtschaftlich lohnende Investition in der Klinik selbst und in das Gesundheitssystem darstellt. Etablierte und evaluierte Screenings-Tools wie das Nutritional Risk Screening 2002 können dabei als Basis eingesetzt werden. Darüber hinaus sollten auch die individuellen Bedürfnisse der Patienten und die jeweiligen Strukturen des Krankenhauses berücksichtigt werden. Kliniken wie das Israelitische Krankenhaus Hamburg oder auch das Rote Kreuz Krankenhaus Kassel können dabei als Best Practice-Beispiele dienen.

Literaturverzeichnis

Amaral T. F., Matos L. C., Tavares M. M., et al. (2007): *The economic impact of disease-related malnutrition at hospital admission*. In: Clinical nutrition (Edinburgh, Scotland). 26(6): 778–784.

Ax R. (16.04.2011): *Mehrerlöse durch die Codierung der Mangelernährung im IKH*. Schriftlich, per E-Mail, Hamburg.

Ax R. (28.08.2018): *Medizincontrolling und Kodierung im Israelitischen Krankenhaus Hamburg*. Mündlich, per Telefon, Hamburg / Münster.

Barton A. D., Beigg C. L., Macdonald I. A., Allison S. P. (2000): *High food wastage and low nutritional intakes in hospital patients*. In: Clinical nutrition (Edinburgh, Scotland). 19(6): 445–449.

Bauer J. M. und Kaiser M. J. (2011): *Definitionen*. In: Unter- und Mangelernährung. Hrsg. v. Löser, Christian. S. 12–16.

Berghof N., Valentini L., Ramminger S., Weber M. M., Fottner C. (2018): *Mainzer Mangelernährungsscreening versus NRS-2002 zur Beurteilung des Mangelernährungsrisikos bei stationären Patienten. Posterpräsentatin auf der 17. Dreiländertagung - der Deutschen Gesellschaft für Ernährungsmedizin e.V. (DGEM) - der Österreichischen Arbeitsgemeinschaft Klinische Ernährung (AKE) - der Gesellschaft für Klinische Ernährung der Schweiz (GESKES) - Jahrestagung 2018 des BerufsVerbandes Oecotrophologie e.V. (VDOE) - 19. Jahrestagung des Bundesverbandes Deutscher Ernährungsmediziner e.V. (BDEM)*. In: Aktuelle Ernährungsmedizin. 43(3): 221.

Braunschweig C., Gomez S., Sheean P. M. (2000): *Impact of declines in nutritional status on outcomes in adult patients hospitalized for more than 7 days*. In: Journal of the American Dietetic Association. 100(11): 1316-22.

Cederholm T., Barazzoni R., Austin P., et al. (2017): *ESPEN guidelines on definitions and terminology of clinical nutrition*. In: Clinical nutrition (Edinburgh, Scotland). 36(1): 49–64.

Christner S., Ritt M., Volkert D., et al. (2016): *Evaluation of the nutritional status of older hospitalised geriatric patients: a comparative analysis of a Mini Nutritional Assessment (MNA) version and the Nutritional Risk Screening (NRS 2002)*. In: Journal of human nutrition and dietetics: the official journal of the British Dietetic Association. 29(6): 704–713.

Chudy M. und Lütticke J. (2012): *Kodierhilfe Mangelernährung*. Hrsg. B. Braun Melsungen AG. Online verfügbar:
https://www.medperts.com/documents/11653/33979/Intensivmedizin+Kodierhilfe/ce-afdc18-3b67-4551-b3b2-47fda7ed4a31. Zuletzt geprüft: 27.08.2018.

© Springer Fachmedien Wiesbaden GmbH, ein Teil von Springer Nature 2019
K. Gewecke, *Prescreening auf Mangelernährung in der Klinik*, Forschungsreihe der FH Münster, https://doi.org/10.1007/978-3-658-27476-4

Committee of Ministers (2003): *Resolution ResAP(2003)3 on food and nutritional care in hospitals. Adopted by the Committee of Ministers on 12 November 2003 at the 860th meeting of the Ministers' Deputies.* Hrsg. Council of Europe. Online verfügbar: https://rm.coe.int/16805de855. Zuletzt geprüft: 27.06.2018.

Correia M. I. T. D. und Waitzberg D. L. (2003): *The impact of malnutrition on morbidity, mortality, length of hospital stay and costs evaluated through a multivariate model analysis.* In: Clinical nutrition (Edinburgh, Scotland). 22(3): 235–239.

Destatis (2018): *Mikrozensus 2017 - Fragen zur Gesundheit. Körpermaße der Bevölkerung.* Hrsg. Statistisches Bundesamt. Online verfügbar: https://www.destatis.de/DE/Publikationen/Thematisch/Gesundheit/Gesundheitszustand/Koerpermasse5239003179004.pdf?__blob=publicationFile. Zuletzt geprüft: 23.08.2018.

Detsky A. S., McLaughlin J. R., Baker J. P., et al. (1987): *What is subjective global assessment of nutritional status?* In: JPEN. Journal of parenteral and enteral nutrition. 11(1): 8–13.

DGE (2008): *Ernährungsbericht. 2008.* Bundesministerium für Ernährung, Landwirtschaft und Verbraucherschutz. Deutsche Gesellschaft für Ernährung e.V. (DGE), Bonn. ISBN: 978-3-88749-214-4.

DIMDI (2018): *Klassifikationen, Terminologien, Standards. ICD-10-GM, OPS, DRGs.* Hrsg. Deutsches Institut für Medizinische Dokumentation und Information (DIMDI). Online verfügbar: https://www.dimdi.de/static/de/klassi/index.htm. Zuletzt geprüft: 29.06.2018.

DKG (2016): *Für eine Verbesserung der Ernährungsversorgung bei Menschen mit Krebs in Deutschland. Gemeinsames Positionspapier.* Hrsg. Deutsche Krebsgesellschaft (DKG). Online verfügbar: https://www.google.com/url?sa=t&rct=j&q=&esrc=s&source=web&cd=2&ved=0ahUKEwjn3Z2toZLcAhXECewKHftmByYQFgguMAE&url=https%3A%2F%2Fwww.-krebsgesellschaft.de%2Fpositionen.html%3Ffile%3Dfiles%2Fdkg%2Fdeutsche-krebsgesellschaft%2Fcontent%2Fpdf%2FStellungnahmen_polit%2F21032016_Positionspapier%2520Ernaehrung%2520in%2520der%2520%2520Onkologie.pdf&usg=AOvVaw26259EY8fmb1D3Y_5XtTs3. Zuletzt geprüft: 09.07.2018.

Edington J., Boorman J., Durrant E. R., et al. (2000): *Prevalence of malnutrition on admission to four hospitals in England. The Malnutrition Prevalence Group.* In: Clinical nutrition (Edinburgh, Scotland). 19(3): 191–195.

Elia M. (2005): *The cost of malnutrition in England and potential cost savings from nutritional interventions (short version). A report on the cost of disease-related malnutrition in England and a budget impact analysis of implementing the NICE clinical guidelines/quality standard on nutritional support in adults.* Hrsg. British Association for Parenteral and Enteral Nutrition (BAPEN). National Institute of Health Research. Online verfügbar: https://www.bapen.org.uk/pdfs/economic-report-short.pdf. Zuletzt geprüft: 06.07.2018.

Felder S., Braun N., Stanga Z., et al. (2016): *Unraveling the Link between Malnutrition and Adverse Clinical Outcomes: Association of Acute and Chronic Malnutrition Measures with Blood Biomarkers from Different Pathophysiological States.* In: Annals of nutrition & metabolism. 68(3): 164–172.

G-BA (22.01.2015): *Beschluss. Des Gemeinsamen Bundesausschusses über eine Nicht-Änderung der Heilmittel-Richtlinie: Ambulante Ernährungsberatung mit Ausnahme der Indikationen seltene angeborene Stoffwechselerkrankungen und Mukoviszidose.* Hrsg. Gemeinsamer Bundesausschuss (G-BA). Online verfügbar: https://www.g-ba.de/downloads/39-261-2159/2015-01-22_2015-12-17_HeilM-RL_-Amb-Ernaehrung_konsolidiert_BAnz.pdf. Zuletzt geprüft: 06.07.2018.

Hand R. K., Murphy W. J., Field L. B., et al. (2016): *Validation of the Academy/A.S.P.E.N. Malnutrition Clinical Characteristics.* In: Journal of the Academy of Nutrition and Dietetics. 116(5): 856–864.

Hartz L. L. K., Stroup B. M., Bibelnieks T. A., Shockey C., Ney D. M. (2018): *ThedaCare Nutrition Risk Screen Improves the Identification of Non-Intensive Care Unit Patients at Risk for Malnutrition Compared With the Nutrition Risk Screen 2002.* In: JPEN. Journal of parenteral and enteral nutrition. 00(0): 1–11.

Hiesmayr M., Schindler K., Pernicka E., et al. (2009): *Decreased food intake is a risk factor for mortality in hospitalised patients: The NutritionDay survey 2006.* In: Clinical Nutrition. 28(5): 484–491.

Hill G. L., Blackett R. L., Pickford I., et al. (1977): *Malnutrition in surgical patients. An unrecognised problem.* In: Lancet (London, England). 1(8013): 689–692.

Kondrup J., Allison S. P., Elia M., Vellas B., Plauth M. (2003a): *ESPEN guidelines for nutrition screening 2002.* In: Clinical Nutrition. 22(4): 415–421.

Kondrup J., Rasmussen H. H., Hamberg O., Stanga Z. (2003b): *Nutritional risk screening (NRS 2002): a new method based on an analysis of controlled clinical trials.* In: Clinical nutrition (Edinburgh, Scotland). 22(3): 321–336.

Konturek P. C., Herrmann H. J., Schink K., Neurath M. F., Zopf Y. (2015): *Malnutrition in Hospitals: It Was, Is Now, and Must Not Remain a Problem!* In: Medical science monitor: international medical journal of experimental and clinical research. 21(-): 2969–2975.

Kruizenga H. M., van Tulder M. W., Seidell J. C., et al. (2005): *Effectiveness and cost-effectiveness of early screening and treatment of malnourished patients.* In: The American Journal of Clinical Nutrition. 82(5): 1082–1089.

Kyle U. G., Kossovsky M. P., Karsegard V. L., Pichard C. (2006): *Comparison of tools for nutritional assessment and screening at hospital admission: a population study.* In: Clinical nutrition (Edinburgh, Scotland). 25(3): 409–417.

Löser C. (2011a): *Klinische Folgen.* In: Unter- und Mangelernährung. Hrsg. v. Löser, Christian. S. 42–51.

Löser C. (2011b): *Ökonomische Aspekte.* In: Unter- und Mangelernährung. Hrsg. v. Löser, Christian. S. 215–223.

Löser C. (2011c): *Praktische Umsetzung moderner ernährungsmedizinischer Erkenntnisse im Krankenhaus – „Kasseler Modell"*. In: Aktuelle Ernährungsmedizin. 36(06): 351–360.

Löser C. (2011d): *Prävalenz*. In: Unter- und Mangelernährung. Hrsg. v. Löser, Christian. S. 25–32.

Löser C. und Löser K. (2011): *Grundprinzipien der Therapie - etablierte Allgemeinmaßnahmen*. In: Unter- und Mangelernährung. Hrsg. v. Löser, Christian. S. 97–108.

Löser, Christian (2011): *Unter- und Mangelernährung. Klinik - moderne Therapiestrategien - Bugdetrelevanz*. Sammelwerk. 1. Aufl. Thieme, Stuttgart. ISBN: 978-3-13-154101-7.

Lütkes P. und Schweins K. (2014): *Kodierung. Hintergründe, Bedeutung und Einordnung der Dokumentation und Kodierung im DRG-Zeitalter*. Hrsg. Verband der Diätassistenten (VDD). Universitätsklinikum Essen. Online verfügbar: https://www.vdd.de/fileadmin/downloads/Kongress_2014/2014-05-09-Kodierung_ Mangelern%C3%A4hrung_Wolfsburg.pdf. Zuletzt geprüft: 27.08.2018.

Marín Caro M. M., Laviano A., Pichard C. (2007): *Nutritional intervention and quality of life in adult oncology patients*. In: Clinical nutrition (Edinburgh, Scotland). 26(3): 289–301.

Markant A. (2017): *Klinische Ernährung. Wahlmodul EW 03 im Master Ernährung und Gesundheit*. Fachhochschule Münster.

McWhirter J. P. und Pennington C. R. (1994): *Incidence and recognition of malnutrition in hospital*. In: BMJ (Clinical research ed.). 308(6934): 945–948.

MDK (2018): *SEG 4-Kodierempfehlungen 1 - 592. V 2018 mit 1 Änderung und 2 neuen Empfehlungen vom 03.07.2018*. Hrsg. Medizinischer Dienst der Krankenversicherung (MDK). Online verfügbar: https://www.mdk.de/leistungserbringer/kodierempfehlungen/. Zuletzt geprüft: 28.08.2018.

Müller M. C., Uedelhofen K. W., Wiedemann U. C. H. (2007): *Mangelernährung in Deutschland. Eine Studie zu den ökonomischen Auswirkungen krankheitsbedingter Mangelernährung und beispielhafte Darstellung des Nutzenbeitrags enteraler Ernährungskonzepte*. Hrsg. Cepton Strategies. Online verfügbar: http://www.monacon.com/publications/Mangelernaehrung_in_Deutschland.pdf. Zuletzt geprüft: 29.06.2018.

Norman K., Pichard C., Lochs H., Pirlich M. (2008): *Prognostic impact of disease-related malnutrition*. In: Clinical nutrition (Edinburgh, Scotland). 27(1): 5–15.

Ockenga J. (2011): *Abbildung von Mangelernährung und Ernährungstherapie im DRG – 2012*. In: Aktuelle Ernährungsmedizin. 36(06): 337–340.

Ohlrich S. und Valentini L. (2013): *Energie- und Nährstoffbedarf von Gesunden und Kranken*. In: Ernährungsmedizin - Ernährungsmanagement - Ernährungstherapie. Hrsg. v. Weimann, Arved; Schütz, Tatjana; Fedders, Maike; Grünewald, Gabriele; Ohlrich, Sabine. S. 28–37.

Pichard C., Kyle U. G., Morabia A., et al. (2004): *Nutritional assessment: lean body mass depletion at hospital admission is associated with an increased length of stay*. In: The American Journal of Clinical Nutrition. 79(4): 613–618.

Pirlich M. und Norman K. (2011): *Bestimmung des Ernährungszustandes: moderne Standards*. In: Unter- und Mangelernährung. Hrsg. v. Löser, Christian. S. 76–96.

Pirlich M., Schütz T., Norman K., et al. (2006): *The German hospital malnutrition study*. In: Clinical nutrition (Edinburgh, Scotland). 25(4): 563–572.

Pirlich M., Schwenk A., Müller M. J. (2003): *DGEM Leitlinie Enterale Ernährung: Ernährungsstatus*. In: Aktuelle Ernährungsmedizin. 28(Suppl. 1): 10–25.

Rosenbaum A., Piper S., Riemann J., Schilling D. (2007): *Mangelernährung bei internistischen Patienten - eine Screeninguntersuchung von 1308 Patienten mit Verlaufsbeobachtung*. In: Aktuelle Ernährungsmedizin. 32(4): 181–184.

Schütz T. und Plauth M. (2005): *Subjective Global Assessment - A Method for the Assessment of Nutritional State*. In: Aktuelle Ernährungsmedizin. 30(1): 43–48.

Schütz T., Valentini L., Plauth M. (2005): *Nutritional Screening According to the ESPEN Guidelines 2002*. In: Aktuelle Ernährungsmedizin. 30(2): 99–103.

Senkal M., Dormann A., Stehle P., Shang E., Suchner U. (2002): *Survey on structure and performance of nutrition-support teams in Germany*. In: Clinical nutrition (Edinburgh, Scotland). 21(4): 329–335.

Shang E., Hasenberg T., Schlegel B., et al. (2005): *An European survey of structure and organisation of nutrition support teams in Germany, Austria and Switzerland*. In: Clinical nutrition (Edinburgh, Scotland). 24(6): 1005–1013.

Sorensen J., Kondrup J., Prokopowicz J., et al. (2008): *EuroOOPS: an international, multicentre study to implement nutritional risk screening and evaluate clinical outcome*. In: Clinical nutrition (Edinburgh, Scotland). 27(3): 340–349.

Staun M., Pironi L., Bozzetti F., et al. (2009): *ESPEN Guidelines on Parenteral Nutrition: home parenteral nutrition (HPN) in adult patients*. In: Clinical nutrition (Edinburgh, Scotland). 28(4): 467–479.

Tangvik R. J., Tell G. S., Guttormsen A. B., et al. (2015): *Nutritional risk profile in a university hospital population*. In: Clinical nutrition (Edinburgh, Scotland). 34(4): 705–711.

Valentini L., Roth E., Jadrna K., Postrach E., Schulzke J. D. (2012): *The BASA-ROT table: an arithmetic-hypothetical concept for easy BMI-, age-, and sex-adjusted bedside estimation of energy expenditure*. In: Nutrition (Burbank, Los Angeles County, Calif.). 28(7-8): 773–778.

Valentini L., Volkert D., Schütz T., et al. (2013): *Leitlinie der Deutschen Gesellschaft für Ernährungsmedizin (DGEM)*. In: Aktuelle Ernährungsmedizin. 38(02): 97–111.

van Bokhorst-de Schueren M. A. E., Guaitoli P. R., Jansma E. P., Vet H. C. W. de (2014): *Nutrition screening tools: does one size fit all? A systematic review of screening tools for the hospital setting*. In: Clinical nutrition (Edinburgh, Scotland). 33(1): 39–58.

van Bokhorst-de Schueren M. A. E., Klinkenberg M., Thijs A. (2005): *Profile of the malnourished patient.* In: European journal of clinical nutrition. 59(10): 1129–1135.

Weimann A., Braga M., Harsanyi L., et al. (2006): *ESPEN Guidelines on Enteral Nutrition: Surgery including organ transplantation.* In: Clinical nutrition (Edinburgh, Scotland). 25(2): 224–244.

Weimann, Arved; Schütz, Tatjana; Fedders, Maike; Grünewald, Gabriele; Ohlrich, Sabine (2013): *Ernährungsmedizin - Ernährungsmanagement - Ernährungstherapie. Interdisziplinärer Praxisleitfaden für die klinische Ernährung.* Ecomed Medizin, Heidelberg. ISBN: 9783609164656.

WHO Expert Consultation (2004): *Appropriate body-mass index for Asian populations and its implications for policy and intervention strategies.* World Health Organization (WHO). In: Lancet (London, England). 363(9403): 157–163.

Anhang

Soweit nicht anders gekennzeichnet handelt es sich bei den Abbildungen und Tabellen im Anhang um eigene Darstellungen.

© Springer Fachmedien Wiesbaden GmbH, ein Teil von Springer Nature 2019
K. Gewecke, *Prescreening auf Mangelernährung in der Klinik*, Forschungsreihe der FH Münster, https://doi.org/10.1007/978-3-658-27476-4

Anh. 1: Nutritional Risk Screening (NRS 2002)

(Schütz T., et al., 2005)

Screening auf Mangelernährung im Krankenhaus

Nutritional Risk Screening (NRS 2002)

nach Kondrup J et al., Clinical Nutrition 2003; 22: 415-421

Empfohlen von der Europäischen Gesellschaft für Klinische Ernährung und Stoffwechsel (ESPEN)

Vorscreening:

• Ist der Body Mass Index < 20,5 kg/m²?	☐ ja	☐ nein
• Hat der Patient in den vergangenen 3 Monaten an Gewicht verloren?	☐ ja	☐ nein
• War die Nahrungszufuhr in der vergangenen Woche vermindert?	☐ ja	☐ nein
• Ist der Patient schwer erkrankt? (z.B. Intensivtherapie)	☐ ja	☐ nein

⇒ Wird eine dieser Fragen mit „Ja" beantwortet, wird mit dem Hauptscreening fortgefahren

⇒ Werden alle Fragen mit „Nein" beantwortet, wird der Patient wöchentlich neu gescreent.

⇒ Wenn für den Patienten z.B. eine große Operation geplant ist, sollte ein präventiver Ernährungs-plan verfolgt werden, um dem assoziierte Risiko vorzubeugen.

Hauptscreening:

Störung des Ernährungszustands	Punkte
Keine	0
Mild	**1**
Gewichtsverlust > 5%/ 3 Mo. oder Nahrungs-zufuhr < 50-75% des Bedarfes in der vergangenen Woche	
Mäßig	**2**
Gewichtsverlust > 5%/ 2 Mo. oder BMI 18,5-20,5 kg/m² und reduzierter Allgemeinzustand (AZ) oder Nahrungszufuhr 25-50% des Bedarfes in der vergangenen Woche	
Schwer	**3**
Gewichtsverlust> 5% /1 Mo. (>15% / 3 Mo.) oder BMI <18,5 kg/m² und reduzierter Allge-meinzustand oder Nahrungszufuhr 0-25% des Bedarfes in der vergangenen Woche	

+

Krankheitsschwere	Punkte
Keine	0
Mild	**1**
z.B. Schenkelhalsfraktur, chronische Erkran-kungen besonders mit Komplikationen: Leberzirrhose, chronisch obstruktive Lungenerkrankung, chronische Hämodialyse, Diabetes, Krebsleiden	
Mäßig	**2**
z.B. große Bauchchirurgie, Schlaganfall, schwere Pneumonie, hämatologische Krebserkrankung	
Schwer	**3**
z.B. Kopfverletzung, Knochenmarktrans-plantation, intensivpflichtige Patienten (APACHE-II >10)	

 | 1 Punkt, wenn Alter ≥ 70 Jahre |

≥ 3 Punkte	Ernährungsrisiko liegt vor, Erstellung eines Ernährungsplanes
< 3 Punkte	wöchentlich wiederholtes Screening. Wenn für den Patienten z.B. eine große Operation geplant ist, sollte ein präventiver Ernährungsplan verfolgt werden, um das assoziierte Risiko zu vermeiden

T. Schütz, L. Valentini, M. Plauth. Screening auf Mangelernährung nach den ESPEN-Leitlinien 2002. Aktuel Ernaehr Med 2005; 30: 99-103.

Übersetzt und bearbeitet von Dr. Tatjana Schütz, Dr. Luzia Valentini und Prof. Dr. Mathias Plauth. Kontakt: tatjana.schuetz@medizin.uni-leipzig.de, Tel. 0341-97 15 957

Anh. 2:   Subjective Global Assessment (SGA)

(Schütz T. und Plauth M., 2005)

Subjective Global Assessment (SGA) – Einschätzung des Ernährungszustandes

nach Detsky et al., JPEN 1987; 11: 8-13

Name, Vorname: _____   Untersuchungsdatum: _____

Geburtsdatum: _____   Station: _____

A. Anamnese

1. Gewichtsveränderung

• in den vergangenen **6 Monaten**: _____ kg (_____ % Körpergewicht)

　　　　　　　　　　　　　　　　　　　Abnahme < 5% Körpergewicht　☐

　　　　　　　　　　　　　　　　　　　Abnahme 5-10% Körpergewicht　☐

　　　　　　　　　　　　　　　　　　　Abnahme >10% Körpergewicht　☐

• in den vergangenen **zwei Wochen**:　　Zunahme　☐

　　　　　　　　　　　　　　　　　　　keine Veränderung　☐

　　　　　　　　　　　　　　　　　　　Abnahme　☐

2. Nahrungszufuhr

• Veränderungen im Vergleich zur üblichen Zufuhr:　nein　☐

O suboptimale feste Kost　　　　　　　　ja → Dauer: _____

O ausschließlich Flüssigkost

O hypokalorische Flüssigkeiten

O keine Nahrungsaufnahme

3. Gastrointestinale Symptome (> 2 Wochen):　nein　☐

O Übelkeit　　　　O Erbrechen　　　　ja:

O Durchfall　　　　O Appetitlosigkeit

4. Beeinträchtigung der Leistungsfähigkeit:

• in den vergangenen **6 Monaten**:　　keine　☐

　　　　　　　　　　　　　　　　　　　mäßig / eingeschränkt arbeitsfähig　☐

　　　　　　　　　　　　　　　　　　　stark / bettlägerig　☐

• in den vergangenen **zwei Wochen**:　Verbesserung　☐

　　　　　　　　　　　　　　　　　　　Verschlechterung　☐

5. Auswirkung der Erkrankung auf den Nährstoffbedarf:

• Hauptdiagnose: _____

• metabolischer Bedarf　　　　　　　　kein / niedriger Stress　☐

　　　　　　　　　　　　　　　　　　　mäßiger Stress　☐

　　　　　　　　　　　　　　　　　　　hoher Stress　☐

B. Körperliche Untersuchung

	normal	leicht	mäßig	stark
Verlust von subkutanem Fettgewebe				
Muskelschwund (Quadrizeps, Deltoideus)				
Knöchelödem				
präsakrale Ödeme (Anasarka)				
Aszites				

C. Subjektive Einschätzung des Ernährungszustandes　☐

A = gut ernährt

B = mäßig mangelernährt bzw. mit Verdacht auf Mangelernährung

C = schwer mangelernährt

T. Schütz, M. Plauth. Aktuel Ernaehr Med 2005; 30: 43-48.

Übersetzt und bearbeitet von: Dr. Tatjana Schütz, Charité Universitätsmedizin Berlin, tatjana.schuetz@medizin.uni-leipzig.de

Prof. Dr. Mathias Plauth, Klinik für Innere Medizin, Städtisches Klinikum Dessau, mathias.plauth@klinikum-dessau.de

Anh. 3: Prescreening zur Identifikation eines Mangelernährungsrisikos des IKH
(Israelitisches Krankenhaus Hamburg)

ISRAELITISCHES KRANKENHAUS HAMBURG

Patientenaufkleber

Vorscreening auf Mangelernährung

Sehr geehrte Patientin, sehr geehrter Patient,

das frühzeitige Erkennen einer Mangelernährung/Fehlernährung ermöglicht es uns, rechtzeitig ernährungstherapeutische Schritte einzuleiten und damit den Verlauf Ihrer Erkrankung positiv zu beeinflussen.
Wir bitten Sie daher, uns folgende Fragen zu beantworten:

Name: .... Vorname: .... Geb.- Dat.: ....

1) Haben Sie während der letzten 3 Monate ungewollt an
   Gewicht verloren? ja ◯ nein ◯

   Altes Gewicht vor ungewolltem Gewichtsverlust .... Kg

   Aktuelles Gewicht (soweit bekannt) .... Kg

   Aktuelle Größe (soweit bekannt) .... cm

2) Haben Sie während der letzten 2 Wochen weniger gegessen
   (z.B. aufgrund von Appetitlosigkeit, Übelkeit, Erbrechen)? ja ◯ nein ◯

3) Fühlen Sie sich in letzter Zeit in Ihrer Leistungsfähigkeit
   stark beeinträchtigt? ja ◯ nein ◯

4) Liegt eine schwere chronische Erkrankung
   (an Bauchspeicheldrüse, Darm, Herz, Lunge, Leber oder Niere)
   oder Tumorerkrankung bei Ihnen vor? ja ◯ nein ◯

5) Liegt bei Ihnen eine Nahrungsmittelunverträglichkeit vor und/oder
   müssen bei Ihnen diätetische Besonderheiten berücksichtigt werden? ja ◯ nein ◯

   Wenn ja, welche? ....

   ....

Wir danken Ihnen für Ihre Mithilfe und wünschen Ihnen eine gute Besserung!

Ihr Ernährungsteam

Dateiname:	2017 ÄD FO IKH121 V1.0		Seite:	1 von 1
Autor:	N. v. Blücher		Freigegeben am:	29.06.15
Freigeber:	Prof. Dr. P. Layer		Revision:	11/2019

Anh. 4: Hauptscreening zur Identifikation eines Mangelernährungsrisikos des IKH
(Israelitisches Krankenhaus Hamburg)

ISRAELITISCHES KRANKENHAUS HAMBURG

Patientenaufkleber

Screening auf Mangelernährung
empfohlen von der Europäischen Gesellschaft für klinische Ernährung und Stoffwechsel (ESPEN) nach
Kondrup, Clinical Nutrition Risk Screening (NRS 2003)

Erhebung des Ernährungzustandes

Körpergewicht: Aktuelles Gewicht ....kg   Größe .... cm   BMI ....kg/m²

Gewicht vor ungewolltem Gewichtsverlust .... kg   Gewichtsverlust in Kilogramm: ....

Gewichtsverlust: ....% / .... Monaten

◯ BMI nicht aussagekräftig (z.B. aufgrund von Ascites / Ödeme / etc.)

Aktuelle Nahrungszufuhr: ◯ 75-100% ◯ 50-75% ◯ 25-50% ◯ 0-25% des Bedarfes

◯ Proteinmangel laborchemisch nachgewiesen (Albumin ↓ /Gesamteiweiß ↓)

◯ Zelluläre Mangelernährung durch BIA-Messung nachgewiesen

◯ Eingeschränkte Leistungsfähigkeit / Kraftlosigkeit

Störung des Ernährungszustandes	Punkte
◯ **milde Störung des Ernährungszustandes** Gewichtsverlust >5%/3Mo. oder Nahrungszufuhr 50-75% des Bedarfes in der vergangenen Woche	1
◯ **mäßige Störung des Ernährungszustandes** Gewichtsverlust >5%/2Mo. oder BMI 18,5 -20,5 bei reduziertem AZ oder Nahrungszufuhr 25-50%	2
◯ **schwere Störung des Ernährungszustandes** Gewichtsverlust >5%/1Mo. oder BMI <18,5 bei reduziertem AZ oder Nahrungszufuhr 0-25% > 10% / 6 Mo. Gewichtsverlust	3

+

Krankheitsschwere (metabolische Stresssituation)	Punkte
◯ **mild** z.B.: stabile chronische Erkrankungen	1
◯ **mäßig** z.B.: instabile chronische Erkrankungen (Leberzirrhose, COPD, Diabetes, Herzin- suffizienz, CED), latente Infektionen, maligne Erkrankungen, Diarrhoen, Nahrungs- karenz 4 und mehr Tage, chirurgische Eingriffe wie Kolektomie, Anlage von Anastomsen, u.ä.	2
◯ **schwer** z.B.: schwere Infektionen, Sepsis, postoperative Niereninsuffizienz, schwere akute Pankreatitis, häufige bultigen Diarrhoen, Ileus, intensivpflichtiger Patient, große chirurgische Eingriffe: z.B. Gastrektomie, Whipple-OP, u.ä.	3

+ 1 Punkt, wenn Alter ≥ 70 Jahre

Gesamtpunktzahl:

Dateiname: 2017 ÄD FO IKH122 V1.0   Seite: 1 von 2
Autor: N. v. Blücher / A. Hedinger   Freigegeben am: 13.03.17
Freigeber: Prof. Dr. P. Layer   Revision: 11/2019

ISRAELITISCHES KRANKENHAUS HAMBURG

**Screening auf Mangelernährung
im Israelitischen Krankenhaus
Hamburg**

Handlungsrichtlinien

< 3 Punkte: Wöchentlich wiederholtes Screening.
Vor geplantem abdominalchirurgischen Eingriff sollte ein präventiver Ernährungsplan
erstellt werden, um perioperative Malnutrition zu vermeiden.

≥ 3 Punkte: Maßnahmen der Ernährungstherapie einleiten (z.B. Trinknahrung).

≥ 5 Punkte: Trinknahrung anbieten, ggf. sofort mit enteraler / parenteraler Ernährungstherapie beginnen.

Codierung der Mangelernährung:

Eine ☐ erhebliche (E43), ☐ mäßige (E44.0), ☐ leichte (44.1) Energie- und Eiweißmangelernährung
liegt gemäß der Kodierrichtlinienempfehlungen von DIMDI vor, da der Gewichtsverlust zu einem Gewichtswert führte, der ☐ ≥ 3 Standardabweichungen, ☐ 2- < 3 Standardabweichungen, ☐ 1- < 2 Standardabweichungen unter dem Mittelwert der Bezugspopulation liegt.

Zu Grunde liegende Statistische Verteilung: Aktuelle BMI-Tabelle der DGEM.

19-24 Jährige (BMI: 19-24)	E 44.1 E 44.0 E 43	BMI: BMI: BMI:	19,8 - > 18 18,0 - > 16,4 ≤ 16,4	45-54 Jährige (BMI: 22-27)	E 44.1 E 44.0 E 43	BMI: BMI: BMI:	22,8 - > 21 21,0 - > 19,4 ≤ 19,4
25-34 Jährige (BMI: 20-25)	E 44.1 E 44.0 E 43	BMI: BMI: BMI:	20,8 - > 19 19,0 - > 17,4 ≤ 17,4	55-64 Jährige (BMI: 23-28)	E 44.1 E 44.0 E 43	BMI: BMI: BMI:	23,8 - > 22 22,0 - > 20,4 ≤ 20,4
35-44 Jährige (BMI: 21-26)	E 44.1 E 44.0 E 43	BMI: BMI: BMI:	21,8 - > 20 20,0 - > 18,4 ≤ 18,4	> 64 Jährige (BMI: 24-29)	E 44.1 E 44.0 E 43	BMI: BMI: BMI:	24,8 - > 23 23,0 - > 21,4 ≤ 21,4

☐ E 46 nicht näher bezeichnete Energie- u. Eiweißmangelernährung

Empfohlene Maßnahmen zur Ernährungstherapie:

☐ Verbesserung der oralen Nahrungsaufnahme durch individuell erfasste Wunschkost

☐ Ergänzungsnahrung notwendig (z.B. Maltodextrin, Protein 88, Calogen)

☐ Enterale Ernährung erforderlich: ☐ oral   ☐ über PEG / PEJ

☐ Parenterale Ernährung erforderlich: ☐ peripher   ☐ zentral

....

....

....

....

☐ Re-Konsil Ernährungsteam am ....

Datum / Unterschrift Ernährungsteam

Dateiname:	2017 ÄD FO IKH122 V1.0		Seite:	2 von 2
Autor:	N. v. Blücher / A. Hedinger		Freigegeben am:	13.03.17
Freigeber:	Prof. Dr. P. Layer		Revision:	11/2019

Anh. 5: Poststationäre Ernährungsempfehlung des IKH

(Israelitisches Krankenhaus Hamburg)

 ISRAELITISCHES KRANKENHAUS HAMBURG

Poststationäre
Ernährungsempfehlung

Patientendaten:

Name, Vorname:

Geburtsdatum:

Fallnummer:

Ernährungszustand (erhoben nach Kondrup, Clinical Nutrition Risk Screening, 2003):
Es sind Zeichen einer bestehenden Mangelernährung vorhanden.

Körpergewicht: aktuelles Gewicht   kg   Größe: cm   BMI: kg/m²

Ungewollter Gewichtsverlust seit   :   %

Albumin: Gesamteiweiß:

Allgemeinzustand / Leistungsfähigkeit:

Metabolischer Stress:

aktuelle orale Nahrungszufuhr des berechneten Energiebedarfs:

Engergiebedarf pro Tag:

Nährstoffsubstitution von   Kcal / Tag erforderlich

Aktuelle Maßnahmen der Ernährungstherapie während des stationären Aufenthalts:

poststationäre Ernährungsempfehlung:

Aufgrund eingeschränkter Fähigkeit zur ausreichenden normalen Ernährung empfehlen wir die
Rezeptierung folgender Produkte:

Produkt:

PZN:

Rezeptierempfehlung:

Einnahmeempfehlung

Produkt:

PZN:

Rezeptierempfehlung:

Einnahmeempfehlung

Selbstverständlich können wirkungsgleiche vollbilanzierte Produkte verschiedener Hersteller eingesetzt
werden.

Mit freundlichen Grüßen

Ihr Ernährungsteam im Israelitischen Krankenhaus

Datum: 30.08.2018   Erstellt von: Annegret Hedinger-Doden

Dateiname:	Orbis-Formular	Seite:	1 von 1
Autor:	N. v. Blücher / A. Hedinger	Freigegeben am:	25.07.2018
Freigeber:	Dr. V. Andresen	Revision:	07/2020

Anh. 6: Deskriptive Statistik und Test auf Normalverteilung des Alters

	Fälle					
	Gültig		Fehlend		Gesamt	
	N	Prozent	N	Prozent	N	Prozent
Alter	212	100,0%	0	0,0%	212	100,0%

		Statistik	Standardfehler
Alter	Mittelwert	59,75	1,182
	95% Konfidenzintervall des Untergrenze	57,42	
	Mittelwerts Obergrenze	62,07	
	5% getrimmtes Mittel	60,18	
	Median	61,50	
	Varianz	296,058	
	Standardabweichung	17,206	
	Minimum	18	
	Maximum	96	
	Spannweite	78	
	Interquartilbereich	25	
	Schiefe	-,415	,167
	Kurtosis	-,439	,333

	Kolmogorov-Smirnov[a]			Shapiro-Wilk		
	Statistik	df	Signifikanz	Statistik	df	Signifikanz
Alter	,064	212	,036	,973	212	,000

a. Signifikanzkorrektur nach Lilliefors

Anh. 7: Anzahl der erfassten Patientenfälle nach Station

		Häufigkeit	Prozent
Station	2A	45	21,1 %
	2B	50	23,6 %
	2C	43	20,3 %
	3A	30	14,2 %
	3B	44	20,8%
	Gesamt	212	100,0 %

Anh. 8: Anzahl der durchgeführten Hauptscreenings nach Prescreening-Ergebnis

		Prescreening				
		fehlt	auffällig	unauffällig	Deckblatt	Gesamt
Hauptscreening	fehlt	4	16	23	8	51
	duchgeführt	11	39	104	7	161
Gesamt		15	55	127	15	212

Anh. 9: Häufigkeiten des klassierten NRS-Scores

		Häufigkeit	Prozent
NRS-Score	≥ 5 Punkte	33	20,5 %
	≥ 3 Punkte	49	30,4 %
	< 3 Punkte	79	49,1 %
	Gesamt	161	100,0 %

Anh. 10: Häufigkeiten der Kodierung einer Kachexie nach Prescreening-Ergebnis

	unauffällig		auffällig	
	Häufigkeit	Prozent	Häufigkeit	Prozent
R64 Kachexie	6	15,4 %	4	3,8 %
ohne	33	84,6 %	100	96,2 %
Gesamt	39	100,0 %	104	100,0 %

Anh. 11: Häufigkeiten der Kodierung eines abnormen Gewichtsverlusts nach Prescreening-Ergebnis

	unauffällig		auffällig	
	Häufigkeit	Prozent	Häufigkeit	Prozent
R63.4 abnormer Gewichtsverlust	19	48,7 %	5	4,8 %
ohne	20	51,3 %	99	95,2 %
Gesamt	39	100,0 %	104	100,0 %

Anh. 12: Häufigkeit des klassierten NRS-Scores nach Zuständigkeit für das Hauptscreening

		Untersucherin		Ernährungsteam	
		Häufigkeit	Prozent	Häufigkeit	Prozent
NRS-Score	≥ 5 Punkte	10	7,0 %	23	32,9 %
	≥ 3 Punkte	35	24,6 %	14	20,0 %
	< 3 Punkte	70	49,3 %	9	12,8 %
	Gesamt	115	80,9 %	46	65,7 %
	Fehlend	27	19,1 %	24	33,3 %
	Gesamt	142	100 %	70	100 %

Anh. 13: Häufigkeit der Kodierung einer Mangelernährung nach Zuständigkeit für das Hauptscreening

		Untersucherin		Ernährungsteam	
		Häufigkeit	Prozent	Häufigkeit	Prozent
Kodierung	E46 nicht näher bez. ME	15	13 %	7	15 %
	E44.1 leichte ME	12	10 %	5	10 %
	E44.0 mäßige ME	11	10 %	9	19 %
	E43 erhebliche ME	11	10 %	13	27 %
	keine Kodierung	65	57 %	14	29 %
	Gesamt	114	100,0 %	48	100,0 %

Anh. 14: Chi²-Test zur Assoziation des NRS-Scores mit einem ungewollten Gewichtsverlust

		Ungewollter Gewichtsverlust		
		Ja	Nein	Gesamt
NRS-Score	< 3 Punkte	1	69	70
	≥ 3 Punkte	25	39	64
Gesamt		26	108	134

	Wert	df	Asymptotische Signifikanz (2-seitig)	Exakte Signifikanz (2-seitig)	Exakte Signifikanz (1-seitig)
Chi-Quadrat nach Pearson	30,279[a]	1	,000		
Kontinuitätskorrektur[b]	27,921	1	,000		
Likelihood-Quotient	35,742	1	,000		
Exakter Test nach Fisher				,000	,000
Zusammenhang linear-mit-linear	30,053	1	,000		
Anzahl der gültigen Fälle	134				

a. 0 Zellen (0,0%) haben eine erwartete Häufigkeit kleiner 5.
Die minimale erwartete Häufigkeit ist 12,42.
b. Wird nur für eine 2x2-Tabelle berechnet

Anh. 15: Chi²-Test zur Assoziation der Kodierung einer Mangelernährung mit einem ungewollten Gewichtsverlust

		Ungewollter Gewichtsverlust		
		Ja	Nein	Gesamt
Kodierung	keine Kodierung	4	62	66
	Kodierung einer E-Ziffer	22	46	68
Gesamt		26	108	134

	Wert	df	Asymptotische Signifikanz (2-seitig)	Exakte Signifikanz (2-seitig)	Exakte Signifikanz (1-seitig)
Chi-Quadrat nach Pearson	14,805[a]	1	,000		
Kontinuitätskorrektur[b]	13,172	1	,000		
Likelihood-Quotient	16,068	1	,000		
Exakter Test nach Fisher				,000	,000
Zusammenhang linear-mit-linear	14,695	1	,000		
Anzahl der gültigen Fälle	134				

a. 0 Zellen (0,0%) haben eine erwartete Häufigkeit kleiner 5.
Die minimale erwartete Häufigkeit ist 12,81.
b. Wird nur für eine 2x2-Tabelle berechnet

Anh. 16: Chi²-Test zur Assoziation des NRS-Scores mit einer reduzierten Nahrungszufuhr

		Reduzierte Nahrungszufuhr		
		Ja	Nein	Gesamt
NRS-Score	< 3 Punkte	5	66	71
	≥ 3 Punkte	23	43	66
Gesamt		28	109	137

	Wert	df	Asymptotische Signifikanz (2-seitig)	Exakte Signifikanz (2-seitig)	Exakte Signifikanz (1-seitig)
Chi-Quadrat nach Pearson	16,264[a]	1	,000		
Kontinuitätskorrektur[b]	14,599	1	,000		
Likelihood-Quotient	17,247	1	,000		
Exakter Test nach Fisher				,000	,000
Zusammenhang linear-mit-linear	16,145	1	,000		
Anzahl der gültigen Fälle	137				

a. 0 Zellen (0,0%) haben eine erwartete Häufigkeit kleiner 5.
Die minimale erwartete Häufigkeit ist 13,49.
b. Wird nur für eine 2x2-Tabelle berechnet

Anh. 17: Chi²-Test zur Assoziation der Kodierung einer Mangelernährung mit einer reduzierten Nahrungszufuhr

		Menge der Nahrungszufuhr		
		Ja	Nein	Gesamt
Kodierung	keine Kodierung	8	59	67
	Kodierung einer E-Ziffer	20	50	70
Gesamt		28	109	137

	Wert	df	Asymptotische Signifikanz (2-seitig)	Exakte Signifikanz (2-seitig)	Exakte Signifikanz (1-seitig)
Chi-Quadrat nach Pearson	5,823[a]	1	,016		
Kontinuitätskorrektur[b]	4,845	1	,028		
Likelihood-Quotient	5,991	1	,014		
Exakter Test nach Fisher				,020	,013
Zusammenhang linear-mit-linear	5,781	1	,016		
Anzahl der gültigen Fälle	137				

a. 0 Zellen (0,0%) haben eine erwartete Häufigkeit kleiner 5. Die minimale erwartete Häufigkeit ist 13,69.
b. Wird nur für eine 2x2-Tabelle berechnet

Anh. 18: Chi²-Test zur Assoziation des NRS-Scores mit einer reduzierten Leistungsfähigkeit

		Reduzierte Leistungsfähigkeit		
		Ja	Nein	Gesamt
NRS-Score	< 3 Punkte	18	52	70
	≥ 3 Punkte	42	25	67
Gesamt		60	77	137

	Wert	df	Asymptotische Signifikanz (2-seitig)	Exakte Signifikanz (2-seitig)	Exakte Signifikanz (1-seitig)
Chi-Quadrat nach Pearson	19,011[a]	1	,000		
Kontinuitätskorrektur[b]	17,539	1	,000		
Likelihood-Quotient	19,480	1	,000		
Exakter Test nach Fisher				,000	,000
Zusammenhang linear-mit-linear	18,872	1	,000		
Anzahl der gültigen Fälle	137				

a. 0 Zellen (0,0%) haben eine erwartete Häufigkeit kleiner 5. Die minimale erwartete Häufigkeit ist 29,34.
b. Wird nur für eine 2x2-Tabelle berechnet

Anh. 19: Chi²-Test zur Assoziation der Kodierung einer Mangelernährung mit reduzierter Leistungsfähigkeit

		Reduzierte Leistungsfähigkeit		
		Ja	Nein	Gesamt
Kodierung	keine Kodierung	26	42	68
	Kodierung einer E-Ziffer	34	35	69
Gesamt		60	77	137

	Wert	df	Asymptotische Signifikanz (2-seitig)	Exakte Signifikanz (2-seitig)	Exakte Signifikanz (1-seitig)
Chi-Quadrat nach Pearson	1,696ª	1	,193		
Kontinuitätskorrektur[b]	1,277	1	,258		
Likelihood-Quotient	1,700	1	,192		
Exakter Test nach Fisher				,229	,129
Zusammenhang linear-mit-linear	1,683	1	,194		
Anzahl der gültigen Fälle	137				

a. 0 Zellen (0,0%) haben eine erwartete Häufigkeit kleiner 5.
Die minimale erwartete Häufigkeit ist 29,78.
b. Wird nur für eine 2x2-Tabelle berechnet

Anh. 20: Chi²-Test zur Assoziation des NRS-Scores mit einer chronischen Erkrankung

		Chronische Erkrankung		
		Ja	Nein	Gesamt
NRS-Score	< 3 Punkte	14	53	67
	≥ 3 Punkte	28	37	65
Gesamt		42	90	132

	Wert	df	Asymptotische Signifikanz (2-seitig)	Exakte Signifikanz (2-seitig)	Exakte Signifikanz (1-seitig)
Chi-Quadrat nach Pearson	7,483ª	1	,006		
Kontinuitätskorrektur[b]	6,495	1	,011		
Likelihood-Quotient	7,586	1	,006		
Exakter Test nach Fisher				,009	,005
Zusammenhang linear-mit-linear	7,426	1	,006		
Anzahl der gültigen Fälle	132				

a. 0 Zellen (0,0%) haben eine erwartete Häufigkeit kleiner 5.
Die minimale erwartete Häufigkeit ist 20,68.
b. Wird nur für eine 2x2-Tabelle berechnet

Anh. 21: Chi²-Test zur Assoziation der Kodierung einer Mangelernährung mit einer chronischen Erkrankung

		Chronische Erkrankung		
		Ja	Nein	Gesamt
Kodierung	keine Kodierung	14	52	66
	Kodierung einer E-Ziffer	28	38	66
Gesamt		42	90	132

	Wert	df	Asymptotische Signifikanz (2-seitig)	Exakte Signifikanz (2-seitig)	Exakte Signifikanz (1-seitig)
Chi-Quadrat nach Pearson	6,844[a]	1	,009		
Kontinuitätskorrektur[b]	5,902	1	,015		
Likelihood-Quotient	6,944	1	,008		
Exakter Test nach Fisher				,015	,007
Zusammenhang linear-mit-linear	6,793	1	,009		
Anzahl der gültigen Fälle	132				

a. 0 Zellen (0,0%) haben eine erwartete Häufigkeit kleiner 5.
Die minimale erwartete Häufigkeit ist 21,00.
b. Wird nur für eine 2x2-Tabelle berechnet

Anh. 22: Chi²-Test zur Assoziation des NRS-Scores mit einer Nahrungsmittelunverträglichkeit

		Nahrungsmittelunverträglichkeit		
		Ja	Nein	Gesamt
NRS-Score	< 3 Punkte	8	63	71
	≥ 3 Punkte	19	48	67
Gesamt		27	111	138

	Wert	df	Asymptotische Signifikanz (2-seitig)	Exakte Signifikanz (2-seitig)	Exakte Signifikanz (1-seitig)
Chi-Quadrat nach Pearson	6,398[a]	1	,011		
Kontinuitätskorrektur[b]	5,358	1	,021		
Likelihood-Quotient	6,532	1	,011		
Exakter Test nach Fisher				,017	,010
Zusammenhang linear-mit-linear	6,352	1	,012		
Anzahl der gültigen Fälle	138				

a. 0 Zellen (0,0%) haben eine erwartete Häufigkeit kleiner 5.
Die minimale erwartete Häufigkeit ist 13,11.
b. Wird nur für eine 2x2-Tabelle berechnet

Anh. 23: Chi²-Test zur Assoziation der Kodierung einer Mangelernährung mit einer Nahrungsmittelunverträglichkeit

		Nahrungsmittelunverträglichkeit		Gesamt
		Ja	Nein	
Kodierung	keine Kodierung	8	60	68
	Kodierung einer E-Ziffer	19	51	70
Gesamt		27	111	138

	Wert	df	Asymptotische Signifikanz (2-seitig)	Exakte Signifikanz (2-seitig)	Exakte Signifikanz (1-seitig)
Chi-Quadrat nach Pearson	5,183[a]	1	,023		
Kontinuitätskorrektur[b]	4,252	1	,039		
Likelihood-Quotient	5,316	1	,021		
Exakter Test nach Fisher				,031	,019
Zusammenhang linear-mit-linear	5,146	1	,023		
Anzahl der gültigen Fälle	138				

a. 0 Zellen (0,0%) haben eine erwartete Häufigkeit kleiner 5.
Die minimale erwartete Häufigkeit ist 13,30.
b. Wird nur für eine 2x2-Tabelle berechnet

Anh. 24: Mann-Whitney U-Test zur Assoziation des Alters mit dem NRS-Score

		N	Mittlerer Rang	Rangsumme
Alter	NRS-Score < 3	79	67,04	5296,00
	NRS-Score ≥ 3	82	94,45	7745,00
	Gesamt	161		

	Alter
Mann-Whitney-U	2136,000
Wilcoxon-W	5296,000
Z	-3,731
Asymptotische Signifikanz (2-seitig)	,000

a. Gruppenvariable: NRS-Score >= 3

Anh. 25: Mann-Whitney U-Test zur Assoziation des Alters mit dem NRS-Score ohne Alter (oA)

		N	Mittlerer Rang	Rangsumme
Alter	NRS-Score (oA) < 3	103	82,00	8445,50
	NRS-Score (oA) ≥ 3	58	79,23	4595,50
	Gesamt	161		

	Alter
Mann-Whitney-U	2884,500
Wilcoxon-W	4595,500
Z	-,361
Asymptotische Signifikanz (2-seitig)	,718

a. Gruppenvariable: NRS ohne Alter ≥3

Anh. 26: Mann-Whitney U-Test zur Assoziation des Alters mit der Kodierung einer E-Ziffer

		N	Mittlerer Rang	Rangsumme
Alter	keine Kodierung	78	65,13	5080,00
	Kodierung einer E-Ziffer	83	95,92	7961,00
	Gesamt	161		

	Alter
Mann-Whitney-U	1999,000
Wilcoxon-W	5080,000
Z	-4,189
Asymptotische Signifikanz (2-seitig)	,000

a. Gruppenvariable: Kodierung Mangelernährung (Ja-Nein)

Anh. 27: Chi²-Test zur Assoziation NRS-Scores mit der Fachabteilung

		Abteilung		
		Innere	Chirurgie	Gesamt
NRS-Score	< 3 Punkte	24	55	79
	≥ 3 Punkte	48	34	82
Gesamt		72	89	161

	Wert	df	Asymptotische Signifikanz (2-seitig)	Exakte Signifikanz (2-seitig)	Exakte Signifikanz (1-seitig)
Chi-Quadrat nach Pearson	12,904[a]	1	,000		
Kontinuitätskorrektur[b]	11,790	1	,001		
Likelihood-Quotient	13,101	1	,000		
Exakter Test nach Fisher				,000	,000
Zusammenhang linear-mit-linear	12,823	1	,000		
Anzahl der gültigen Fälle	161				

a. 0 Zellen (0,0%) haben eine erwartete Häufigkeit kleiner 5.
Die minimale erwartete Häufigkeit ist 35,33.
b. Wird nur für eine 2x2-Tabelle berechnet

Anh. 28: Chi²-Test zur Assoziation der Kodierung einer Mangelernährung mit der Fachabteilung

		Abteilung		
		Innere	Chirurgie	Gesamt
Kodierung	keine Kodierung	33	45	78
	Kodierung einer E-Ziffer	39	44	83
Gesamt		72	89	161

	Wert	df	Asymptotische Signifikanz (2-seitig)	Exakte Signifikanz (2-seitig)	Exakte Signifikanz (1-seitig)
Chi-Quadrat nach Pearson	,356[a]	1	,551		
Kontinuitätskorrektur[b]	,192	1	,661		
Likelihood-Quotient	,357	1	,550		
Exakter Test nach Fisher				,635	,331
Zusammenhang linear-mit-linear	,354	1	,552		
Anzahl der gültigen Fälle	161				

a. 0 Zellen (0,0%) haben eine erwartete Häufigkeit kleiner 5.
Die minimale erwartete Häufigkeit ist 34,88.
b. Wird nur für eine 2x2-Tabelle berechnet

Anh. 29: Chi²-Test zur Assoziation des Geschlechts mit der Fachabteilung

		Abteilung		
		Innere	Chirurgie	Gesamt
Geschlecht	männlich	36	60	96
	weiblich	61	66	127
Gesamt		97	126	223

	Wert	df	Asymptotische Signifikanz (2-seitig)	Exakte Signifikanz (2-seitig)	Exakte Signifikanz (1-seitig)
Chi-Quadrat nach Pearson	2,467[a]	1	,116		
Kontinuitätskorrektur[b]	2,057	1	,151		
Likelihood-Quotient	2,479	1	,115		
Exakter Test nach Fisher				,134	,076
Zusammenhang linear-mit-linear	2,456	1	,117		
Anzahl der gültigen Fälle	223				

a. 0 Zellen (0,0%) haben eine erwartete Häufigkeit kleiner 5.
Die minimale erwartete Häufigkeit ist 41,76.
b. Wird nur für eine 2x2-Tabelle berechnet

Anh. 30: Chi²-Test zur Assoziation des NRS-Scores mit dem Geschlecht

		Geschlecht		
		männlich	weiblich	Gesamt
NRS-Score	< 3 Punkte	37	42	79
	≥ 3 Punkte	25	57	82
Gesamt		62	99	161

	Wert	df	Asymptotische Signifikanz (2-seitig)	Exakte Signifikanz (2-seitig)	Exakte Signifikanz (1-seitig)
Chi-Quadrat nach Pearson	4,541[a]	1	,033		
Kontinuitätskorrektur[b]	3,877	1	,049		
Likelihood-Quotient	4,563	1	,033		
Exakter Test nach Fisher				,037	,024
Zusammenhang linear-mit-linear	4,513	1	,034		
Anzahl der gültigen Fälle	161				

a. 0 Zellen (0,0%) haben eine erwartete Häufigkeit kleiner 5.
Die minimale erwartete Häufigkeit ist 30,42.
b. Wird nur für eine 2x2-Tabelle berechnet

Anh. 31: Chi²-Test zur Assoziation der Kodierung einer Mangelernährung mit dem Geschlecht

		Geschlecht		
		männlich	weiblich	Gesamt
Kodierung	keine Kodierung	41	37	78
	Kodierung einer E-Ziffer	21	62	83
Gesamt		62	99	161

	Wert	df	Asymptotische Signifikanz (2-seitig)	Exakte Signifikanz (2-seitig)	Exakte Signifikanz (1-seitig)
Chi-Quadrat nach Pearson	12,622[a]	1	,000		
Kontinuitätskorrektur[b]	11,497	1	,001		
Likelihood-Quotient	12,795	1	,000		
Exakter Test nach Fisher				,001	,000
Zusammenhang linear-mit-linear	12,543	1	,000		
Anzahl der gültigen Fälle	161				

Anh. 32: Deskriptive Statistik und Test auf Normalverteilung des BMI

	Fälle					
	Gültig		Fehlend		Gesamt	
	N	Prozent	N	Prozent	N	Prozent
BMI	165	74,0%	58	26,0%	223	100,0%

			Statistik	Standardfehler
BMI	Mittelwert		26,0976	,51613
	95% Konfidenzintervall des	Untergrenze	25,0785	
	Mittelwerts	Obergrenze	27,1167	
	5% getrimmtes Mittel		25,5155	
	Median		25,2600	
	Varianz		43,955	
	Standardabweichung		6,62986	
	Minimum		14,88	
	Maximum		54,60	
	Spannweite		39,72	
	Interquartilbereich		7,63	
	Schiefe		1,546	,189
	Kurtosis		3,884	,376

	Kolmogorov-Smirnov[a]			Shapiro-Wilk		
	Statistik	df	Signifikanz	Statistik	df	Signifikanz
HS BMI	,103	165	,000	,892	165	,000

a. Signifikanzkorrektur nach Lilliefors

Anh. 33: Mann-Whitney U-Test zur Assoziation des NRS-Scores mit dem BMI

		N	Mittlerer Rang	Rangsumme
BMI	NRS-Score < 3	73	98,99	7226,50
	NRS-Score ≥ 3	81	58,13	4708,50
	Gesamt	154		

	BMI
Mann-Whitney-U	1387,500
Wilcoxon-W	4708,500
Z	-5,677
Asymptotische Signifikanz (2-seitig)	,000

a. Gruppenvariable: NRS-Score >= 3

Anh. 34: Mann-Whitney U-Test zur Assoziation der Kodierung einer Mangelernährung mit dem BMI

		N	Mittlerer Rang	Rangsumme
BMI	keine Kodierung	72	103,55	7455,50
	Kodierung einer E-Ziffer	82	54,63	4479,50
	Gesamt	154		

	BMI
Mann-Whitney-U	1076,500
Wilcoxon-W	4479,500
Z	-6,792
Asymptotische Signifikanz (2-seitig)	,000

a. Gruppenvariable: Kodierung Mangelernährung (Ja-Nein)

Anh. 35: Mann-Whitney U-Test zur Assoziation des NRS-Score mit Laborwerten

		N	Mittlerer Rang	Rangsumme
Labor Gesamtprotein	NRS-Score < 3	70	85,01	5951,00
	NRS-Score ≥ 3	74	60,66	4489,00
	Gesamt	144		
Labor Albumin	NRS-Score < 3	32	52,11	1667,50
	NRS-Score ≥ 3	52	36,59	1902,50
	Gesamt	84		
Labor CRP	NRS-Score < 3	78	79,85	6228,00
	NRS-Score ≥ 3	80	79,16	6333,00
	Gesamt	158		

	Labor Gesamtprotein	Labor Albumin	Labor CRP
Mann-Whitney-U	1714,000	524,500	3093,000
Wilcoxon-W	4489,000	1902,500	6333,000
Z	-3,514	-2,842	-,096
Asymptotische Signifikanz (2-seitig)	,000	,004	,923

a. Gruppenvariable: NRS-Score >= 3

Anh. 36: Mann-Whitney U-Test zur Assoziation der Kodierung einer Mangelernährung mit Laborwerten

		N	Mittlerer Rang	Rangsumme
Labor Gesamtprotein	keine Kodierung	68	94,63	6434,50
	Kodierung einer E-Ziffer	76	52,70	4005,50
	Gesamt	144		
Labor Albumin	keine Kodierung	39	50,29	1961,50
	Kodierung einer E-Ziffer	45	35,74	1608,50
	Gesamt	84		
Labor CRP	keine Kodierung	76	79,80	6064,50
	Kodierung einer E-Ziffer	82	79,23	6496,50
	Gesamt	158		

	Labor Gesamtprotein	Labor Albumin	Labor CRP
Mann-Whitney-U	1079,500	573,500	3093,500
Wilcoxon-W	4005,500	1608,500	6496,500
Z	-6,042	-2,736	-,080
Asymptotische Signifikanz (2-seitig)	,000	,006	,936

a. Gruppenvariable: Kodierung Mangelernährung (Ja-Nein)

Anh. 37: Tabelle der BASA-ROTs als Bedside-Methode zur Schätzung des Energiebedarfs

(Valentini L., et al., 2012)

BMI kg/m²	18.5–19.9		20–24.9		25.0–29.9		30–34.9		≥35.0	
Activity/stress factor 1.0 = Resting Energy Expenditure										
Age, y	W	M	W	M	W	M	W	M	W	M
18–29	24	27	23	26	20	23	16	20	15	18
30–39	24	26	22	24	19	23	16	19	14	17
40–49	23	25	21	23	19	21	16	18	14	17
50–59	22	23	20	22	18	21	16	18	13	16
60–69	22	23	19	21	18	20	15	17	13	15
70–79	21	21	19	20	17	19	15	16	13	15
80–100	20	20	18	19	17	18	15	15	12	14
Activity/stress factor 1.1										
Age, y	W	M	W	M	W	M	W	M	W	M
18–29	26	30	25	28	22	25	18	22	17	20
30–39	26	28	24	26	21	25	19	21	16	18
40–49	25	27	23	25	20	23	17	20	16	18
50–59	24	26	22	24	20	23	17	20	15	18
60–69	24	25	21	23	20	22	16	18	15	16
70–79	23	23	21	22	19	21	16	18	15	16
80–100	22	22	20	21	19	20	16	17	13	15
Activity/stress factor 1.2										
Age, y	W	M	W	M	W	M	W	M	W	M
18–29	29	33	27	31	24	27	20	24	18	22
30–39	29	31	26	28	23	27	20	23	17	21
40–49	28	30	25	28	22	26	19	21	17	20
50–59	26	28	24	26	22	25	19	21	16	19
60–69	26	27	23	25	21	24	18	20	16	18
70–79	25	25	23	24	21	23	17	19	16	18
80–100	24	24	22	23	20	22	17	18	14	17
Activity/stress factor 1.3										
Age, y	W	M	W	M	W	M	W	M	W	M
18–29	31	35	29	33	26	30	21	25	20	23
30–39	31	33	28	31	25	29	22	25	18	22
40–49	30	32	27	30	24	28	20	23	18	22
50–59	28	30	26	29	24	27	20	23	17	21
60–69	28	30	25	27	23	26	19	22	17	19
70–79	27	27	24	26	22	25	19	21	17	19
80–100	26	26	24	25	22	24	19	20	16	18

Anh. 38: Beispiele für Aktivitäts- und Stressfaktoren zur Berechnung des Energiebedarfs

(Valentini L., et al., 2012)

Activity factors	
In-house patient—bed bound, can sit, active arm movements	1.1
In-house patient—stands up for restroom, show	1.2
In-house patient—walks the aisle several time a day	1.3
Outpatient—mainly sitting activities, short walks	1.4
Stress factors	
Trauma, multiple	1.2–1.3
Sepsis or severe infection (e.g., peritonitis)	1.2–1.3
Surgery postoperative	1.0–1.2
Cancer	1.0–1.2
Fever	1.0

Printed in the United States
by Bookmasters

Printed in the United States
By Bookmasters